SIEMENS-
HANDBÜCHER

Herausgegeben von der Siemens & Halske A.-G.
und den Siemens-Schuckertwerken, G. m. b. H.

V. Band:

Das Kraftwerk Fortuna II

WALTER DE GRUYTER & CO.
BERLIN UND LEIPZIG
1925

DAS KRAFTWERK FORTUNA II

MONOGRAPHIE EINES DAMPFKRAFTWERKS IN SYSTEMATISCHER DARSTELLUNG

VON

ALBERT SCHREIBER
DIREKTOR DES RHEINISCHEN ELEKTRICITÄTSWERKS
IM BRAUNKOHLENREVIER A. G., KÖLN

MIT 141 ABBILDUNGEN IM TEXT UND AUF 7 TAFELN

WALTER DE GRUYTER & CO.
BERLIN UND LEIPZIG
1925

W. BÜXENSTEIN, BERLIN SW 48

Vorwort.

Mit der Herausgabe des vorliegenden Buches beabsichtige ich, eine Beschreibung des Kraftwerkes Fortuna II zu geben, in einer Form, die etwa zwischen einer Monographie und einem Lehrbuche die Mitte hält. Das Buch ist daher nicht allein für den Techniker bestimmt, es soll vielmehr auch dem Studierenden Anregungen geben und den gebildeten Nichtfachmann in das Verständnis der elektrischen Zentralwirtschaft einführen. Wenn die Literatur auch schon andere ausgezeichnete Monographien dieser Art aufweist, so glaube ich dennoch mit der Beschreibung eines großen rheinischen Braunkohlenkraftwerkes Interesse zu finden.

Für die Beschaffung wertvoller Unterlagen bin ich den Siemens-Schuckertwerken G. m. b. H. Berlin-Siemensstadt, insbesondere Herrn Oberingenieur Otto E. Vogt zu Dank verpflichtet.

Köln, im Mai 1925.

Albert Schreiber.

Inhaltsübersicht.

Alphabetisches Stichwortverzeichnis.

Verzeichnis
der an der Lieferung und Ausführung beteiligten Firmen.

Siemens-Schuckertwerke G. m. b. H.,
Berlin-Siemensstadt.

Gesamte Bauleitung. Lieferung von 4 Turbo-Generatoren, der gesamten elektrischen Einrichtung und der Entaschungsanlage.

Siemens & Halske A.-G.,
Berlin-Siemensstadt.

Uhren- u. Fernsprechanlagen, Sicherheitseinrichtungen, Wassermesser.

Allgemeine Elektricitäts-Gesellschaft, Berlin.
1 Turbo-Generator. Kabelschutz System Pfannkuch und Differential-Kabelschutz, CO_2-Messer.

Allgemeine Rohrleitungs-Aktien-Gesellschaft, Düsseldorf.
Rohrleitungen im Permutithaus.

J. M. & A. Bartl, Cottbus.
Flugaschenfänger.

Bohle & Co., Köln.
Isolierungen.

Adam Brings, Bedburg (Rhld.).
Dachdeckerarbeiten.

Franz Brücher, Bergheim a. d. Erft.
Anlage der Eisenbahnanschlüsse.

Franz Clouth, Rheinische Gummiwaren-Fabrik A.-G., Köln-Nippes. Kohlentransportbänder.

Deutsche Babcock- & Wilcox-Dampfkessel-Werke A.-G., Oberhausen (Rhld.). 7 Steilrohrkessel mit Vorwärmern, 7 Feuerungen, Dampf-Temperatur-Regler und Rohrleitungen im Kesselhaus II.

Deutsche Luftfilter-Baugesellschaft m. b. H., Berlin.
Luftfilter für die Kühlluft der Generatoren.

Deutsche Maschinenfabrik A.-G., Duisburg.
60 t Kran im Maschinenhaus.

Deutsche Metalltüren-Werke, August Schwarze, Brackwede.
Eiserne Fenster und Türen für das 100 000 Volt-Haus.

Dingler'sche Maschinenfabrik A.-G., Zweibrücken (Pfalz).
Kühlwasserdruckleitungen.

Dürrwerke A.-G., Ratingen-Ost.
7 Steilrohrkessel mit Vorwärmern.

Dyckerhoff & Widmann A.-G., Biebrich a. Rh. u. Düsseldorf.
Kohlenbunker aus Eisenbeton und Kesselfundamente.

Wilhelm Eckardt & Ernst Hotop, Köln.
Schornsteinbauten.

Faust, Dingeldein & Co., Köln.
Heizungsanlagen.

Felten & Guilleaume, Carlswerk A.-G., Köln-Mülheim.
Hochspannungskabel.

Heinrich Hubert Fischer, Köln-Nippes.
Sanitäre Anlagen und Feuerlöscheinrichtungen.

P. Fischer & Co., Frankfurt a. M.
Kühlwasserdruckleitungen.

Karl Flohr A.-G., Berlin.
70 t Kran für die Transformatoren-Werkstatt und elektrische Laufkatzen für das Permutithaus.

Gehre-Dampfmesser-Gesellschaft, Inh. Dr. Martin Böhme, Berlin. Dampfmesser.

Gentrup & Petri, Halle a. d. Saale. Jalousie-Rauchgasschieber.

Arnold Georg Aktiengesellschaft, Neuwied.
Eisenkonstruktionen, Laufkrane in den Kesselhäusern.

Wasserstandsregler, Patent Emil Hannemann, G. m. b. H., Frohnau b. Berlin. Wasserstandsregler.

Hannoversche Maschinenbau-Aktien-Gesellschaft (Hanomag) Hannover-Linden. 7 Kessel mit Vorwärmern, Dampf-Temperatur-Regler und Kohlenlutten für 28 Kessel.

Ernst Heinemann, Köln.
Kohlenverteiltürme.

Hennefer Maschinenfabrik C. Reuther & Reisert m. b. H., Hennef a.d. Sieg. Automatische Kohlenwagen, System Cronos.

H. Hommel, Komm.-Ges., Köln.
Werkzeugmaschinen.

Jean Iven, Köln-Lindenthal.
Riffelbleche, Blechverkleidungen für Meß- und Steuerleitungen.

Paul Jessen, Köln.
Anstreicherarbeiten.

Hugo Kabza, Düren (Rhld.).
Fundamente für 4 Kühltürme. Mantel des Beton-Kühlturms.

Lorenz Karsch A.-G., Düsseldorf.
Fundamente für 5 Turbo-Generatoren.

Keilmann & Völcker G. m. b. H., Bernburg.
21 Feuerungen.

Friedr. Krupp Aktien-Gesellschaft, Essen.
Eisenbahnschienen und Weichen.

Gebr. Marx, Komm.-Ges., Köln-Nippes.
Hochbauten. Absitzbecken für die Kläranlage. Ziegelsteinlieferung.

Maschinenbau-Aktien-Gesellschaft Balcke, Bochum, Holzminden, Frankenthal (Pfalz). Kühltürme, Speisewasserpumpen, Wasserpumpen für das Wasserwerk, Verdampferanlage, Mischgefäße.

Maschinenbau-Anstalt Humboldt, Köln-Kalk.
Entlüftungseinsätze, Kondensatbehälter.

Maschinenfabrik-Augsburg-Nürnberg A.-G., Nürnberg.
4 Turbinen und Kondensatoren.

Neusser Eisenbau, Adolf Bleichert & Co. G. m. b. H., Neuss.
Eisenkonstruktionen.

Permutit-Aktien-Gesellschaft, Berlin.
Gesamte Permutitanlage.

Erasmus Pott, Köln.
Dachdeckerarbeiten.

Rausch & Balensiefen G. m. b. H., Köln.
Planierungsarbeiten und Gartenanlagen.

Rennert & Korinthenberg, Köln.
Hochbauten, Betonbauten und Entwässerungsanlage.

Rhein.-Waggonkontor Rudolf Lochner & Co., Komm.-Ges., Aachen. 4 Selbstentlader-Wagen für die Entaschungsanlage.

E. Rutsatz & Co. m. b. H., Köln.
Projektierung und Bau des Wasserwerks Fortuna in Kenten.

Ed. Schmitt & Co. G. m. b. H., Düsseldorf.
Automatische Kohlenwagen (Förderbandwagen).

Schnabel & Co., Köln.
Druckleitung vom Wasserwerk zum Kraftwerk.

L. & C. Steinmüller, Gummersbach (Rhld.).
7 Kessel mit Vorwärmern, mechanische Vorschubrost-Feuerung, Rohrleitungen im Kesselhaus I, Kippwassermesser.

Jean Sürth, Köln.
Anstreicher- und Glaserarbeiten.

Villeroy & Boch A.-G., Köln.
Lieferung von Wandplatten und Steinfußböden.

Ernst Julius Weide jr., Düsseldorf-Grafenberg.
Eiserne Fenster und Türen, Treppengeländer.

Wolf & Nettmann, Köln.
Umbauarbeiten an Feuerungen.

Zeitzer Eisengießerei & Maschinenbau-A.-G., Zweigniederlassung Köln-Ehrenfeld. Gesamte Bekohlungsanlage.

DAS KRAFTWERK
FORTUNA II.

Einleitung.

Die elektrische Energiewirtschaft ist erwachsen aus jenem großen Zeitabschnitt der Energiewirtschaft, den wir mit dem Namen James Watt zu überschreiben pflegen. Die Erschließung der Kohle als Quelle mechanischer Energie, eingeleitet durch die Erfindung der Dampfmaschine, kennzeichnet in der Wirtschaftsgeschichte den Anfang eines neuen Zeitalters. Das Fortschrittliche und Neue lag zunächst in der Methode. Auch in früheren Abschnitten der Energiewirtschaft wurden Naturkräfte zur Verrichtung mechanischer Arbeit herangezogen: Die Muskelarbeit des Tieres, der Wind, das Gefälle des Wassers. Aber diese Naturkräfte wurden unmittelbar als Bewegungsenergie vorgefunden, also in einer Energieform, die sich ohne weitere Umsetzung für Dienstleistungen aller Art verwerten ließ. Diese natürlichen Energievorkommen waren ferner Teile eines dauernden Energieflusses; es änderte sich nichts, ob nun dieser Energiefluß in Windrädern oder Wassermühlen angezapft wurde oder nicht; die Energie war und blieb im großen ganzen unabhängig von der Zeit und von der Intensität ihrer Ausnutzung. Aufzehren oder vernichten konnte man sie nicht.

Ganz anders ist es mit der Energiequelle unseres Zeitalters, der Kohle. Die Kohle ist etwas Gewordenes, Erspartes, Fertiges und Ruhendes. Sie ist ein aufgespeicherter Energieüberschuß aus früheren erdgeschichtlichen Zeiträumen. Sie ist ferner nur ein Energiemineral, das die Energie in latenter Form gebunden hält, und das wir erst mehreren Umsetzungen unterwerfen müssen, bevor wir seinen Energieinhalt mechanisch verwerten können.

Die Menschheit, der durch die Dampfmaschine die Möglichkeit gegeben war, die ungeheuren Kohlenschätze der Erde vielfältig zu verwerten, sah sich plötzlich in die Lage eines Mannes versetzt, dem ein großes, aber unverzinsliches Kapital in den Schoß gefallen ist. Sie hatte nunmehr die Mittel, unerhört große Energiemengen auf einmal und gleichzeitig aufzubieten, und konnte sich daher in der Überwindung des Materiellen ganz andere Ziele setzen als zuvor. Wir wissen, daß auf diesen erweiterten Voraussetzungen im Laufe eines einzigen Jahrhunderts das stolze Gebäude der Technik erwachsen ist. So erschien der Eintritt der Kohle in die Energiewirtschaft während der ersten Augenblicke als eine wirkliche Bereicherung.

Aber schon heute empfinden wir diese Bereicherung nicht mehr. Die Herrschaft über große Energiemengen ist einfach in die Voraussetzungen unseres Daseins eingegangen. Und gerade diese Versteifung unserer Bedürfnisse auf den Verbrauch großer Energiemengen macht unsere Zivilisation in hohem Grade von der Kohle abhängig. Glücklicherweise stehen uns ja noch sehr große Kohlenschätze zur Verfügung, und man darf überdies vermuten, daß mit der Zeit noch irgendwo auf der Erde ungeahnte Lagerstätten aufgeschlossen werden. Immerhin müssen wir den gesamten Kohlenvorrat unseres Planeten als ein endliches unverzinsliches Kapital ansehen, das wir dauernd und in steigendem Maße angreifen, und das daher schließlich einmal erschöpft sein muß. Die Kohlenwirtschaft ist im Gegensatz zu den früheren Formen der Energiegewinnung eine krasse Verzehrswirtschaft, bei der von einem Gleichgewicht, von einer Energiebilanz nicht die Rede sein kann.

Die Stellung der elektrischen Energiewirtschaft gegenüber der Kohlenwirtschaft läßt sich etwa vergleichen mit dem Verhältnis des Verkehrswesens zur Industrie. Der Sinn der elektrischen Energiewirtschaft ist Energietransport von der zentralen Fundstelle zu den verzweigten Stätten des Verbrauchs. Das Problematische in der Energiewirtschaft liegt weniger in der Erzeugung der Energie, als vielmehr in ihrer Übertragung und Verteilung. Wenn der Mensch abstrakte Energie in seinen Dienst stellt, so ist er selbst zwar der reinen Arbeitsleistung enthoben, es bleibt aber seine Aufgabe, die Energie zur rechten Zeit, am rechten Ort, im richtigen Maße und in der bestgeeigneten Form angreifen zu lassen. Diesen Forderungen fügt sich die elektrische Energie von allen Energieformen, die wir kennen, am leichtesten. Von den beiden Grundaufgaben: der Energieübertragung über Zeit und Raum ist das Raumproblem in der elektrischen Energiewirtschaft auf sehr elegante Weise gelöst.

Die elektrische Übertragung ist dank der physikalischen Eigenschaften der Elektrizität eine sehr günstige Übertragungsform. Zunächst nimmt sie keine meßbare Zeit in Anspruch. Im Augenblicke der Erzeugung ist die elektrische Energie an der entferntesten Verbrauchsstelle verfügbar. Ihre Transportmittel, die elektrischen Leitungen, sind im Vergleich zu denen einer anderen Energieform (Kohlentransport, Wärmetransport, Dampfleitungen, Druckwasserleitungen u. a.) denkbar einfach in Konstruktion, Anlage und Unterhaltung. Sie sind ferner wegen ihres geringen Raumbedarfs sehr feiner Verästelungen fähig und ermöglichen daher einen Energieansatz von feinster Präzision. Überhaupt ist die elektrische Energie äußerst differenzierbar; sie eignet sich für ganz große Verbraucher ebenso gut wie für verschwindend kleine. Sie ist gehorsam und bequem zu handhaben und erlaubt eine Automatisierung in weiten Grenzen. Schließlich läßt sich die elektrische Energie so leicht wie keine andere in irgendeine andere Gebrauchsform zurückverwandeln: in Licht, in Wärme, in chemische Energie, in Bewegungsenergie.

Die technischen Voraussetzungen der elektrischen Energiewirtschaft sind von den Forschern des 19. Jahrhunderts geschaffen worden. Durch das dynamoelektrische Prinzip von Werner Siemens war die Umwandlung mechanischer Energie in elektrische ermöglicht — ein würdiges Gegenstück zu der in der Dampfmaschine verwirklichten Umsetzung der latenten Kohlenenergie in mechanische. Durch den Übergang vom Gleichstrom zum Wechselstrom und die daran anschließende Entwicklung der Hochspannungstechnik wurde die Einfachheit und Eleganz des Energietransportes noch weiter vervollkommnet; die Energieverluste in der Leitung wurden durch Erhöhung der Übertragungsspannung mehr und mehr verringert und dadurch die wirtschaftliche Reichweite der Übertragung vergrößert.

Das Bestreben, die gegebenen Energievorkommen möglichst wirtschaftlich auszunutzen, führte von selbst zu einer fortschreitenden Zentralisation. Der Aktionsradius eines Kraftwerks wurde daher stets so weit ausgespannt, wie der jeweilige Stand der Hochspannungstechnik es erlaubte. Wir beherrschen gegenwärtig Spannungen von 100 kV und darüber mit vollkommener Sicherheit. Daraus ergibt sich für das Kraftwerk selbst eine große Freizügigkeit. Es ist heute nicht mehr erforderlich, daß der Mittelpunkt der Energieerzeugung mit den Mittelpunkten des Energieverbrauchs zusammenfalle. Daher verlegen wir unsere Kraftwerke in die unmittelbare Nähe der Energiefundstätten, ohne den Energietransport zu den entfernten Verbrauchsstellen fürchten zu müssen. Dadurch vermeiden wir den lästigen und kostspieligen Transport der Kohle als solcher. Außerdem bringt die Freizügigkeit der Kraftwerke noch einen anderen unschätzbaren Vorteil mit sich. Natürliche Energievorkommen, die durchaus unverfrachtbar und ortsfest sind, z. B. große abgelegene Wasserkräfte, werden nunmehr wieder in den Bereich der distributiven Energiewirtschaft einbezogen und für die Wirtschaft großer Gebiete nutzbar gemacht.

Der Zentralisation der elektrischen Energieerzeugung ist bei Kohlenkraftwerken durch die Ergiebigkeit oder relative Abbauwürdigkeit der Grube, bei Wasserkraftwerken durch die Menge des vorhandenen Wassers eine Grenze gesetzt. Die Versorgung eines größeren Wirtschaftsgebiets, z. B. eines ganzen Landes, durch eine Mehrzahl von Kraftwerken kann aber dadurch noch mehr vereinheitlicht werden, daß man die Mittelpunkte der Erzeugung durch Leitungen miteinander verkettet. Die Verwirklichung dieses Kupplungsprinzips ist eines der wichtigsten Ziele der deutschen Energiewirtschaft. Es handelt sich darum, alle Großkraftwerke Deutschlands auf der sogenannten Reichssammelschiene zu einem einheitlichen System zusammenzufassen. Die Vorteile eines solchen geschlossenen Systems sind zahlreich und einleuchtend. Es bedeutet in der Tat ein Fortschreiten der Zentralisation, umgeht aber ihre Gefahren. Die Sicherheit der Energieversorgung jedes einzelnen Abnehmers ist vervielfacht. Wenn einmal ein ganzes Kraftwerk ausfällt, so springen benachbarte Kraftwerke dafür ein. Die Vereinigung vieler Kraftwerke in einem gemeinsamen Versorgungsnetz erleichtert eine Verständigung über die Fragen der Nachtstromlieferung und den Ausgleich der Belastungsspitzen; sie ermöglicht schließlich einen Ferntransport elektrischer Energie über sehr weite Strecken, aus Gebieten größter Erzeugung in Gebiete stärksten Verbrauchs.

Die Verlegung der Hauptadern dieses Netzes hat in Deutschland bereits begonnen an den drei wichtigsten Brennpunkten der Energieerzeugung: im mitteldeutschen und rheinischen Braunkohlenrevier und an den Wasserkraftanlagen des Bayernwerks. Die Einheitsspannung ist gegenwärtig 100 kV, doch ist damit zu rechnen, daß in Kürze die Hauptverbindungsleitungen mit noch höherer Spannung betrieben werden.

Die Geschichte des planmäßigen Braunkohlenbergbaues im Rheinlande ist sehr jung; sie beginnt am Ende des vorigen Jahrhunderts. Vorher war die Braunkohle zwar auch nicht unbekannt; schon im Mittelalter hat man sie zu einem wertvollen Farbstoff, dem sogenannten Kölner Braun verarbeitet. Diese Farbe hat jahrhundertelang als beliebte Anstrichfarbe der Rheinschiffe in der Buntheit der rheinischen Landschaft mitgeleuchtet. Auch als Heizmittel wird die Braunkohle schon lange verwertet, doch beschränkte sich dies auf den nächsten Umkreis ihres Vorkommens. Noch vor wenigen Jahrzehnten waren die Arbeitsverfahren im Braunkohlenbergbau ungemein primitiv; die grubenfeuchte Kohle wurde an der Luft getrocknet und in Würfelform als sog. Klütte abgesetzt (Bild 1). —

Bild 1.
Herstellung der Klütten, der Vorläufer des Braunkohlenbriketts.

Die Erschließung der rheinischen Braunkohle für das Wirtschaftsleben größerer Gebiete verdanken wir einigen führenden Männern, die vor etwa 40 Jahren der Ansicht ihrer Zeit weit vorauseilend erkannten, welche Schätze in den weiten Braunkohlenfeldern schlummerten, und die in zäher Arbeit die Hebung dieser Schätze ins Werk gesetzt haben. Die Verteilung der Braunkohle über ein weiteres Wirtschaftsgebiet war bislang an unüberwindlich erscheinenden Schwierigkeiten gescheitert. Die Rohbraunkohle war bei ihrem starken Wassergehalt ein unbequemes Transportgut, das den Wettbewerb mit der Steinkohle schwerlich aufnehmen konnte. Erst nachdem man gelernt hatte, sie zu einem festen trockenen Brikett von einem Bruchteil des ursprünglichen Volumens und einem Vielfachen des spezifischen Heizwerts zusammenzupressen, fand sie als vollwertiger Brennstoff Eingang in das Wirtschaftsleben. Heute hat sich das Verhältnis etwas verschoben. Zwar wird noch immer der weitaus größte Teil der Braunkohle in Brikettform verfrachtet, doch ist auch die Versendung von Rohbraunkohle an nicht allzu weit abliegende Großverbraucher nicht unwirtschaftlich.

In jüngster Zeit tritt eine andere Verfeinerungsform der Braunkohle mehr und mehr in den Vordergrund: Die Staubkohle. Nachdem mit der Überwindung anfänglicher Schwierigkeiten das Problem der Kohlenstaubfeuerung nunmehr gelöst ist, darf man dieser wirtschaftlicheren Art der Feuerung eine große Zukunft versprechen. Die getrocknete, feinvermahlene Kohle mit einem Wassergehalt von höchstens 15 v.H. stellt bei einem Heizwert von etwa 5000 WE einen sehr edlen Brennstoff dar, dessen Verfrachtung (in Spezialwagen) sicher zu den wirtschaftlichsten Formen des Energietransports gerechnet werden wird. Von dem edelsten Produkt der Braunkohle, der elektrischen Energie, werden wir im folgenden Näheres erfahren.

Die Vorgeschichte der Kraftwerke Fortuna.

Das Rheinische Elektrizitätswerk im Braunkohlenrevier A. G. ist hervorgegangen aus der Rheinischen A. G. für Braunkohlenbergbau und Brikettfabrikation. Die letztgenannte Firma wurde am 23. 5. 1898 unter dem Namen Gewerkschaft Fortuna von Herrn Kommerzienrat Adolf Silverberg gegründet. Sie vergrößerte im Laufe der Jahre nach und nach durch Fusionen und Neuerwerbungen ihren Grubenfelderbesitz und erhielt am 4. 1. 1908 ihren heutigen Namen.

Schon um die Jahrhundertwende äußerte Adolf Silverberg den Gedanken, auf der Grube Fortuna ein elektrisches Kraftwerk zu errichten. Kurz darauf trat er mit einem fertig ausgearbeiteten großzügigen Projekt an die Öffentlichkeit; er unterbreitete im Jahre 1902 der Kölner Stadtverwaltung den für seine Zeit genialen Plan, die wiederaufblühende Weltstadt Köln von der Grube Fortuna aus mit elektrischer Energie zu be-

Bild 2. Das Kraftwerk Fortuna I.

liefern. Es ist bemerkenswert, auf welchem Wege man schon damals die Aufschließung der in der Braunkohle ruhenden Kalorien vornehmen wollte. Die ersten größeren Projektarbeiten befassen sich mit der Vergasung der Braunkohle; das erhaltene Gas sollte zum Betriebe von Gasmaschinen verwendet werden. Gleichzeitig wurde aber auch das Projekt eines Dampfkraftwerkes mit Verbrennung der Braunkohle unter Kesseln ausgearbeitet (1903). Leider fanden diese geistvollen Vorschläge bei den Abnehmern kein Verständnis und wurden daher nicht ausgeführt. Noch in demselben Jahre — 1903 — starb Adolf Silverberg. Aber der zweifellos glückliche Gedanke wurde von Dr. Paul Silverberg, dem Sohne und Nachfolger des Verstorbenen, sogleich wieder aufgegriffen. Dr. P. Silverberg richtete seine Aufmerksamkeit besonders auf die feineren Verfahren der Braunkohlenverwertung. Zunächst ließ er durch zahlreiche Versuche die Wirtschaftlichkeit der Verkokung der Braunkohle feststellen. Mit diesen Destillationsversuchen wurde im August 1906 in Berlin und auf einer westfälischen Kokerei begonnen. Die Ergebnisse waren nicht befriedigend. Um sich jedoch ein sicheres, von Zufälligkeiten nicht beeinflußtes Urteil bilden zu können, ließ Dr. Silverberg die Verkokungsversuche noch an zwei Stellen im Auslande wiederholen (in Dalmatien am 10. 6. 1908 und in den Werken der Lackawana Steel Co., Buffalo U. S. A., am 24. 6. 1908). Wenn auch die grundsätzlichen Schwierigkeiten der Braun-

Bild 3. Das Kesselhaus im Kraftwerk Fortuna I.

kohlendestillation als überwunden gelten konnten, so blieben doch die wirtschaftlichen Vorteile der Verkokung hinter den Erwartungen zurück. Dasselbe ergaben die in der Zeit vom 24. 11. 1908 bis 30. 3. 1909 vorgenommenen Versuche nach dem neuen Vergasungsverfahren der Mondgasgesellschaft. Insbesondere wäre die beabsichtigte Gewinnung eines wertvollen Nebenprodukts: des Ammoniumsulfats bei dem geringen Stickstoffgehalt der rheinischen Braunkohle unlohnend gewesen. Es war damit der Nachweis erbracht, daß bei dem damaligen Stande der Technik die unmittelbare Verbrennung der Braunkohle unter Kesseln die wirtschaftlichste Ausbeute versprach.

Neben der Pflege der wissenschaftlichen und technischen Seite des Projekts galt es nun mit den in Frage kommenden Abnehmerkreisen Fühlung zu nehmen und Interessenten zu werben. Diese Werbearbeit war in einer Zeit, wo die elektrische Fernversorgung noch in den Anfängen steckte, nicht weniger mühsam als die technischen Vorbereitungen. Es mußten auf Seiten der Abnehmer große Vorurteile überwunden werden. Die Jahre 1904 bis 1910 sind angefüllt mit einer fortlaufenden Reihe von Verhandlungen Im Jahre 1906 schien das Projekt kurz vor seiner Verwirklichung zu stehen. Es war gelungen, eine Anzahl rheinischer Großstädte, außer Köln auch Düsseldorf, München-Gladbach, Neuß und Rheydt für eine elektrische Fernversorgung zu interessieren.

Bild 4. Das Maschinenhaus im Kraftwerk Fortuna I.

Dazu hatten sich die Farbenfabriken vorm. Bayer in Leverkusen als Dauerabnehmer gemeldet. Die Ausführung scheiterte an zwei grundsätzlichen Meinungsverschiedenheiten. Die beteiligten Städte wollten das Kraftwerk mehr in den Brennpunkt des Verbrauchsgebietes, etwa nach Dormagen a. Rh., verlegt sehen, da sie zu einer Fernübertragung größeren Stils noch kein Vertrauen hatten. Dr. Silverberg dagegen vertrat die heute allgemein bestätigte Ansicht, daß es unwirtschaftlich und sinnlos sei, ein Braunkohlenkraftwerk ohne zwingenden Grund von seiner Kohlengrundlage zu trennen. Zweitens machten die Abnehmer zur Bedingung, daß das Verteilungsnetz als Kabelnetz verlegt würde. Da Kabelleitungen damals nur für Spannungen bis 10 000 V hergestellt werden konnten, so hätte das erforderliche Kabelnetz ungewöhnlich große Querschnitte erhalten müssen und dadurch die ganze Anlage wesentlich verteuert. Andererseits wurden die von Dr. Silverberg vorgeschlagenen Freileitungen, die schon damals bis zu 50 000 V übertragen konnten, von den Städten als zu unsicher abgelehnt.

Köln allein wußte die große Bedeutung einer ausbaufähigen Energiequelle für seine zukünftige Entwicklung zu würdigen und griff im Jahre 1910 auf die Vorschläge Dr. Silverbergs zurück. Auf Grund eines langjährigen Stromlieferungsvertrages mit der Stadt Köln gründete

Dr. Silverberg das Rheinische Elektrizitätswerk im Braunkohlenrevier als Tochtergesellschaft der Rheinischen Aktien-Gesellschaft für Braunkohlenbergbau und Brikettfabrikation. Das Kraftwerk Fortuna (Bild 2, 3 und 4), heute Fortuna I genannt, wurde im Jahre 1911 mit einer installierten Leistung von 8000 kW begonnen und bis zum Jahre 1918 auf 40 000 kW vergrößert. Die Abgabe elektrischer Energie an die Stadt Köln begann am 18. Juli 1911.

Schon während der Kriegsjahre erwies sich der Bau eines neuen größeren Kraftwerkes als notwendig. Doch mußte das Projekt wegen der durch Krieg und Materialmangel hervorgerufenen Schwierigkeiten bis zum Jahre 1920 zurückgestellt werden.

I. Die Grundlinien der Projektierung.

Von den Problemen, die der Erbauer irgendeines Werkes bei der Projektierung zu überwinden hat, darf das fertige Werk dem Beschauer nichts mehr verraten; es muß vielmehr in seiner Vollendung ein harmonisches, abgerundetes Gebilde darstellen, dessen Teile sich ohne Reibung, wie selbstverständlich ineinanderfügen. Es ist nun eine bekannte Tatsache, daß das scheinbar Naheliegende und Selbstverständliche erst über viele Schwierigkeiten hinweg erarbeitet werden muß. Diese Schwierigkeiten sind aber nicht selten ebenso anziehend und lehrreich, wie das schließliche Ergebnis.

Wir wollen daher, bevor wir das Kraftwerk Fortuna kennenlernen wie es *ist*, einige kurze Bemerkungen darüber vorausschicken, wie es *wurde*.

A. Bestimmung und Größe der Leistungsfähigkeit.

Von den Verbrauchsgebieten, die von dem neu zu errichtenden Kraftwerk mit elektrischer Energie versorgt werden sollten, war die Stadt *Köln* mit ihren industriellen Vororten das wichtigste.

Außerdem sollte das Kraftwerk durch ein besonderes Umspannwerk an das rheinische 100 kV-Netz angeschlossen werden; man wollte dadurch die Möglichkeit schaffen, mit benachbarten Großkraftwerken in Verbindung zu treten.

Als Abnehmer kamen ferner der Kreis Bergheim, die Gruben der Rheinischen Aktien-Gesellschaft für Braunkohlenbergbau und Brikettfabrikation und einige industrielle Anlagen in Betracht.

Bei der Bestimmung der Größe und Leistungsfähigkeit war insbesondere ein Gesichtspunkt maßgebend: das Rheinische Elektrizitätswerk beabsichtigte, durch den Bau des neuen Werkes nicht allein den akuten Energiehunger seiner Abnehmer zu befriedigen, sondern auch auf Jahre hinaus ihre Versorgung mit elektrischer Arbeit sicherzustellen. Mit dem Kraftwerk II sollte daher eine Grundlage geschaffen werden, die es erlaubte, die Betriebsmittel zurKrafterzeugung allen in absehbarer Zukunft zu erwartenden Steigerungen des Verbrauchs schnell anzupassen.

Hier verdient die Entwicklung der Stadt Köln seit Kriegsende besondere Beachtung. Mit dem Fortfall der Befestigung war jener eiserne Ring gesprengt, der das Wachstum Kölns seit Jahrzehnten gewaltsam aufgehalten hatte. Die Folge war, daß nunmehr eine Expansion in großem Stil einsetzte. Dabei sind durch den Bau des neuen Hafens und durch die Sicherung eines umfangreichen neuen Industriegeländes die günstigsten Voraussetzungen für eine weitere Ausbreitung geschaffen. Das rechtfertigt die Erwartung, daß der Energieverbrauch Kölns in den nächsten Jahren und Jahrzehnten noch sehr stark ansteigen wird.

Man entschloß sich daher für eine Anlage, die in ihrem endgültigen Ausbau etwa 160 000 kW installierter Leistung umfassen würde. Der momentane Gesamtbedarf für das Jahr 1921 ließ sich im Jahre 1920 auf 60 000 kW schätzen. Hiervon konnte das Kraftwerk I mit einer installierten Leistung von 40 000 kW kaum die Hälfte bewältigen. Das Kraftwerk I war wegen der fortgesetzten Überanstrengung während der Kriegsjahre nicht in gutem Betriebszustande und bedurfte dringend der Schonung, damit die notwendigsten Reparaturen vorgenommen werden konnten. Der erste Ausbau des Kraftwerks Fortuna II wurde daher auf 30 000 kW bemessen. Aber schon während des Bauens erwies es sich als nötig, die Leistungsfähigkeit um weitere 50 000 kW zu steigern. Dieser zweite Ausbau wurde in Angriff genommen, bevor noch der erste vollendet war.

B. Die Wahl der Maschineneinheiten.

Bei der Wahl der Maschineneinheiten hatte man auf folgende bekannten Erscheinungen Rücksicht zu nehmen:

1. Die Kosten (Anschaffungspreis und Betriebskosten) je Kilowatt Nennleistung sinken bei zunehmender Größe des Turbogenerators.
2. Der Wirkungsgrad eines Turbogenerators steigt
   a) bei zunehmender Größe,
   b) bei zunehmender Belastung.

In nebenstehendem Schaubild ist der Wirkungsgrad als Funktion der Nennleistung bei drei verschiedenen Belastungsstufen, Vollast, Dreiviertellast, Halblast, graphisch dargestellt (Bild 5).

Die Beziehungen 1 und 2a allein begünstigen also die Aufstellung großer Generatoren. Die Forderung eines möglichst hohen Belastungsgrades dagegen verlangt eine möglichst genaue Anpassung der arbeitenden Maschinenleistung an den jeweiligen Verbrauch, d. h. eine möglichst starke Unterteilung der Gesamtleistung. Die Aufgabe bestand nun darin, einen geeigneten Mittelwert der Maschinenleistung zu bestimmen, der zwischen diesen beiden widersprechenden Forderungen ungefähr die Mitte hält. Auf Grund der zu erwartenden Belastungsverhältnisse fand man diesen Mittelwert bei 20 000 bis 25 000 kVA und entschloß sich daher zur Wahl einer Einheitstype von 23 000 kVA entsprechend 16 000 kW bei cos $\varphi = 0{,}7$. Es bestand von vornherein die Absicht, nur Maschinen gleicher Leistung und gleicher Bauart aufzustellen. Dies erleichtert u.a. die Überwachung, Wartung und Reparatur der Maschinen, ermöglicht eine strenge Einheitlichkeit in der Bauanordnung und

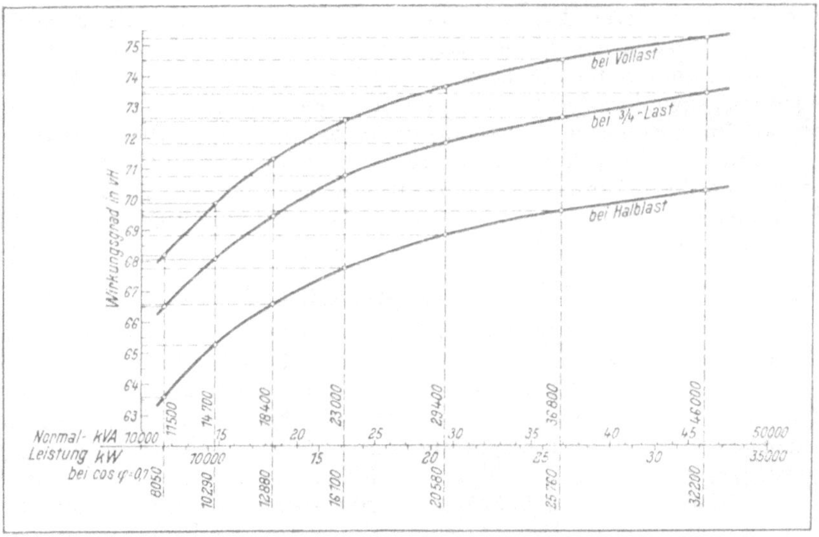

Bild 5. Abhängigkeit des Wirkungsgrads eines Generators von der Nennleistung.

hält die Lagerhaltung unumgänglicher Reserveteile auf einem erträglichen Maß.

Als Lösung des oben gestellten Problems können wir zusammenfassen: der endgültige Ausbau umfaßt zehn, der erste Teilausbau zwei Turbogeneratoren von je 16 100 kW Leistung. Durch den zweiten Ausbau des Kraftwerks sind mittlerweile drei weitere Maschinen hinzugekommen.

C. Drehzahl und Dampfspannung.

Hinsichtlich der Drehzahl der Turbinen entschied man sich für 1500 und nicht für 3000, obwohl diese Drehzahl wärmetechnisch günstiger ist. Das heute wohl überwundene Mißtrauen gegenüber raschlaufenden Maschinen war zurzeit der Projektierung durch eigene Erfahrung begründet. Überhaupt hat die Sorge um unbedingte Betriebssicherheit als erster Leitgedanke die Projektierung des ganzen Werkes beherrscht, am deutlichsten bei der Projektierung der Dampfanlage. Auch hier ist die Wirtschaftlichkeit der Betriebssicherheit untergeordnet.

Die Turbinen arbeiten mit einer Dampfspannung von 14 at Überdruck und einer Dampftemperatur von 350° C, beides beim Eintritt in die Turbine gemessen. Freilich war es bei der Projektierung des Werkes bekannt, daß Anlagen mit höherer Dampfspannung einen besseren thermischen Wirkungsgrad haben. Doch gab es im Jahre 1920 noch keine größeren Anlagen dieser Art, die durch ihre Erfahrung die Betriebssicherheit hoher Dampfspannungen verbürgt hätten. Und es ging nicht an, einen so lebenswichtigen Betrieb, wie ihn das Kraftwerk Fortuna gegenüber der rheinischen Metropole darstellt, zum Versuchsobjekt für technische Neuerungen zu machen. Die Betriebsdampfspannung und Dampftemperatur an der Turbine wurde auf 14 at Überdruck und 350° C festgelegt. Daraus ergab sich mit Rücksicht auf den Spannungs- und Temperaturabfall in der Dampfleitung eine Kesselspannung von 15,5 at Überdruck bei 375° C.

D. Die Dampfkesseltypen.

Als Dampfkesseltypen kamen Wasserrohrkessel, und zwar sowohl Schrägrohrkessel wie auch Steilrohrkessel in Betracht. Mit beiden Kesselarten hat man im Kraftwerk I gute Erfahrungen gemacht. Man wählte den Steilrohrkessel, einerseits deshalb, weil bei diesem Kesseltyp die wenigsten Flächen vorkommen, die eine Ablagerung von Flugasche begünstigen, und zweitens, weil der Steilrohrkessel eine geringere Grundfläche einnimmt als ein Schrägrohrkessel gleicher Leistung. Eine Anlage mit Steilrohrkesseln erfordert also wegen der leichteren Kesselreinigung geringere Betriebskosten und wegen des verminderten Platzbedarfs ein kleineres Baukapital.

E. Die Leistungsfähigkeit der Kesselanlage.

Die Größe und Leistungsfähigkeit der Kesselanlage war durch die verlangte elektrische Leistung eindeutig gegeben. Sie brauchte nur mehr aus den festliegenden Daten der Dampfverbraucher berechnet zu werden. Der Dampfverbrauch des ganzen Werkes setzt sich aus folgenden Teilen zusammen:

1. Dampfverbrauch der Turbinen einschließlich eines etwaigen Mehrverbrauchs infolge
   a) höherer Kühlwassertemperatur in den Sommermonaten,
   b) eines natürlichen Verschleißes nach längerer Betriebszeit;
2. Dampfverbrauch für Heizzwecke, und zwar
   a) zur Erzeugung von Zusatz-Speisewasser in der Verdampferanlage,

b) in der Salzlöseanlage für die Kühlwasser-Aufbereitung (Permutithaus),

c) vorübergehend während des Winters zur Raumheizung;

3. Dampfverluste in den Rohrleitungen.

Die Berechnungen ergaben einen Brutto-Dampfbedarf von etwa 112 000 kg in der Stunde für jede Maschineneinheit. Das entspricht einem Bruttoverbrauch von etwa 6,95 kg für eine Kilowattstunde. Der Nettoverbrauch einer Turbine ist bei Vollast etwa 5,7 kg/kWh, so daß bei jeder Kilowattstunde etwa 1,25 kg oder 18 v. H. der installierten Kesselleistung auf Nebenbetriebe und Reserve entfallen dürfen. Legt man eine normale stündliche Erzeugung von 25 bis 26 kg Dampf je Quadratmeter Kesselheizfläche zugrunde, so entspricht einer Dampfmenge von 112 000 kg/h eine Heizfläche von 4300 bis 4500 m².

F. Die Wahl der Kesseleinheiten.

Bei der Wahl der Kesseleinheiten war ähnlich wie bei der Größenbestimmung der Maschinensätze zu entscheiden, in welchem Maße die Gesamtheizfläche aufgeteilt werden sollte, mit anderen Worten: wie groß der einzelne Kesselsatz zu bemessen war. Bei sehr großen Kesseleinheiten macht die Unterbringung und Beherrschung der sehr umfangreichen Rostfläche vielfach Schwierigkeiten. Dies gilt besonders bei geringwertigen Brennstoffen, wie Rohbraunkohle. Andererseits erschien es ungünstig, kleine Kesseleinheiten zu wählen, weil durch die größere Anzahl von Kesseln eine sehr große Baulänge des Kesselhauses bedingt worden wäre. Es wurden ursprünglich zwei Kesselgrößen in Erwägung gezogen, die eine von 750 m², die andere von 550 m² Heizfläche. Im ersten Falle waren sechs, im anderen Falle acht Kessel je Maschineneinheit erforderlich. Die Feuerung des großen Kessels mußte mit fünf, die des kleinen mit vier Rostbahnen ausgerüstet werden. Das gab letzten Endes den Ausschlag. Die Anordnung der Aschenbunker unter dem aus fünf Rostbahnen bestehenden Treppenrost wurde ungünstig; entweder mußten für je zwei Rostbahnen zwei mittelgroße und für die fünfte Rostbahn ein kleiner Aschenbunker oder für je zwei Rostbahnen ein mittelgroßer und für die drei andern ein großer Aschenbunker vorgesehen werden. Jedenfalls war wegen der ungeraden Anzahl der Rostbahnen bei diesem Kessel eine Einheitlichkeit in den Aschentrichtern nicht zu erreichen. Da aber andererseits der Kessel von 550 m² Heizfläche als zu klein angesehen wurde, so entschied man sich für eine Kesseltype von 650 m² Heizfläche. Es zeigte sich nämlich, daß sich die Feuerung dieses Kessels noch leicht in vier Rostbahnen unter dem Kessel unterbringen ließ, so daß auch hier die Anordnung gleich großer Aschenbunker für je zwei Rostbahnen durchgeführt werden konnte. Bild 6 zeigt vergleichsweise die erforderliche Grundfläche eines Kesselhauses mit einer Gesamtheizfläche von 9000 m^2 bei Aufstellung von Kesseleinheiten mit 550, 650 oder 750 m^2 Heizfläche.

Da man sich für eine Kesseleinheit von 650 m^2 Heizfläche entschlossen hatte, so mußten für jede Turbine $\frac{4500}{650}$, gleich rund sieben Kessel, beim Vollausbau also insgesamt 70 Kessel, für den ersten Teilausbau 14 Kessel aufgestellt werden.

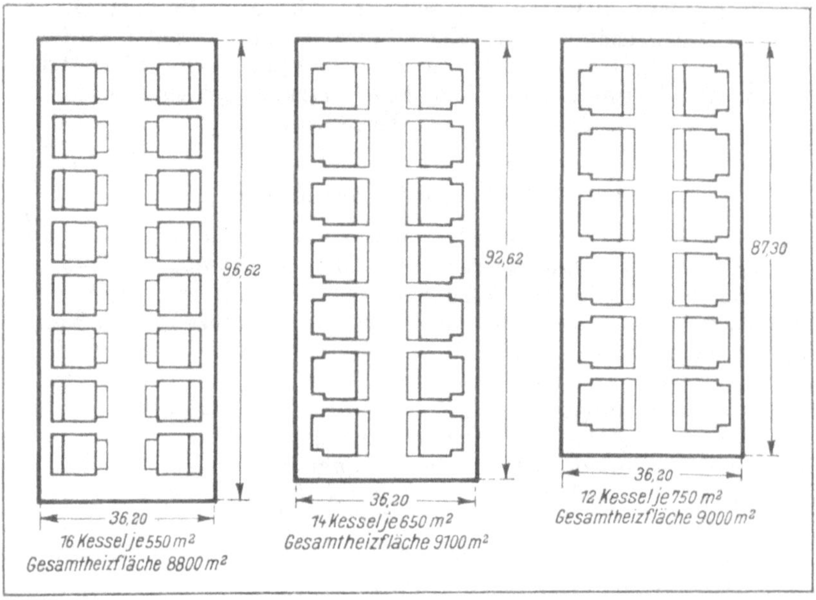

Bild 6. Grundrisse dreier Kesselhäuser gleicher Leistung bei verschiedenen Kesseleinheiten.

G. Die Unterbringung der Kessel.

Für die Unterbringung der Kessel in einem oder mehreren Kesselhäusern gab es verschiedene Möglichkeiten. In Bild 7 sind drei Entwürfe dafür dargestellt. Es war zu entscheiden, welche dieser Anordnungen den folgenden an Kesselhäuser zu stellenden Forderungen am meisten entsprach:

1. Möglichst kurze Wege für Dampf- und Wasserleitungen.
2. Leichte Kohlenzufuhr und -verteilung.
3. Reichliche Zufuhr von Licht und Luft.

Schema A zeigt die Verteilung der 70 Kessel auf fünf Kesselhäuser mit je 14 Kesseln.

Nach Schema B verteilen sich die Kessel auf zwei parallele Kesselhäuser mit je 34 Kesseln.

Schema C stellt ein einziges, doppelreihiges Kesselhaus mit 70 Kesseln dar.

Die Gesamtlänge der Dampf- und Speiseleitungen war bei allen Vorschlägen annähernd die gleiche; dagegen verteilten sich die Leitungen bei Schema B und C in ungleichen Teilen auf die einzelnen Turbinen, so daß z. B. bei Schema B die Turbinen 1, 2, 9 und 10 sehr lange, die

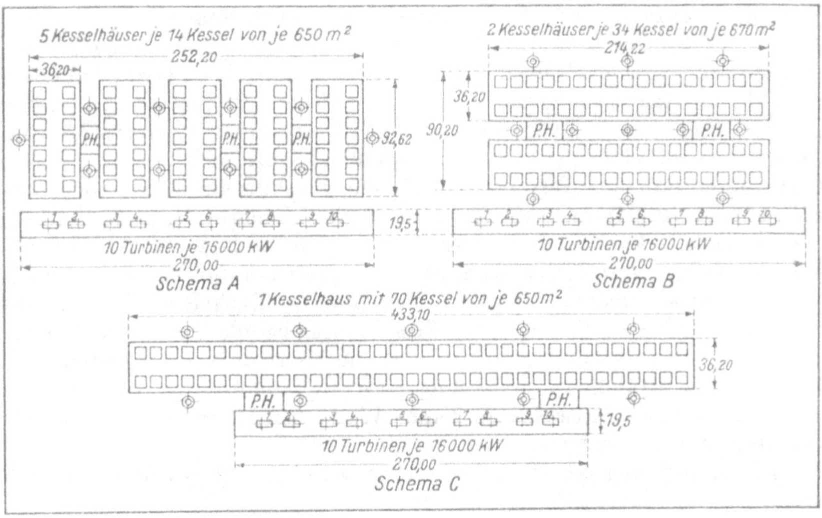

Bild 7. 3 Entwürfe für die Gruppierung der Kesselanlage.

Turbinen 5 und 6 aber unverhältnismäßig kurze Dampfleitungen erhalten hätten.

Bezüglich der Kohlenzufuhr war Schema A unbedingt am günstigsten. Die fünf dem Maschinenhaus abgekehrten Giebelseiten erlaubten eine bequeme Einführung der Kohlentransportbänder, und in den Kesselhäusern selbst konnten verhältnismäßig kurze Förderbänder die Verteilung übernehmen. Nach Schema B oder C wären die Transportbänder für die Bekohlung der Bunker ungewöhnlich lang geworden. Nun ist aber die Gefahr einer Betriebsstörung bei langen Bändern viel größer als bei kurzen. Dazu kommt noch, daß bei einer ernsten Beschädigung der Bandförderanlage bei Schema B die halbe, bei Schema C die ganze Dampferzeugung betroffen wird. Daher hätte entweder eine dreifache Reserve von Förderbändern vorgesehen, oder die Verteilungsanlage in den langen Kesselhäusern des Schemas B und erst recht bei Schema C mehrfach durch

Kohleneinführungen von der Längsseite unterteilt werden müssen, was sich sehr schlecht einrichten ließ.

Die Zufuhr von Licht und Luft war bei allen drei Vorschlägen ausreichend. Die Anordnung A hatte allerdings den besonderen Vorzug, daß die Belichtung von den Stirnseiten her bei der verhältnismäßig kurzen Baulänge besonders wirksam ist.

Für die Bauweise nach Schema A sprachen außerdem noch einige andere Gründe. Wegen der räumlichen Absonderung von fünf Kesselgruppen durch massive Wände und breite Höfe ist die Gefahr einer größeren Störung lokalisiert, und ihr Übergreifen auf höchstens ein Fünftel der ganzen Anlage beschränkt. So wird z. B. selbst im Falle einer Kesselexplosion nicht mehr als höchstens ein Kesselhaus außer Betrieb kommen, so daß die Stromerzeugung immerhin aufrechterhalten werden kann. Ferner bringt die Anordnung von fünf Kesselhäusern senkrecht zum Maschinenhaus eine große Übersichtlichkeit mit sich. Auf je zwei Turbinen entfällt ein Kesselhaus, auf jede Maschine also eine Kesselhausseite von sieben Kesseln, wie es auch in den Bildern 7 und 80 deutlich zum Ausdruck kommt. Es war ferner nicht unbedeutsam, daß mit einer ähnlichen Kesselhausanlage im Großkraftwerk Golpa bei Zschornewitz gute Erfahrungen gemacht worden sind. Schließlich erschien es sehr angenehm, daß die Leistung eines Kesselhauses gerade dem Dampfbedarf für den ersten Ausbau entsprach, so daß die Kesselanlage des ersten Ausbaues als selbständiges, abgeschlossenes Gebäude durch spätere Erweiterungen des Kraftwerks in keiner Weise mehr berührt und in Mitleidenschaft gezogen wird.

Die Anordnung der Kesselhäuser nach Schema A wurde denn auch ausgeführt.

H. Die Wahl des Bauplatzes.

Die Wahl des Bauplatzes für das Kraftwerk Fortuna II wurde hauptsächlich durch Fragen der Wasserversorgung und Kohlenzuführung beeinflußt. Es kamen ursprünglich zwei Baugelände dafür in Frage:

1. Das unmittelbar im Norden an das alte Werk anschließende Gelände, auf dem das Kraftwerk tatsächlich erbaut wurde.
2. Ein anderes, auf der linken Seite der von Quadrath nach Bergheim führenden Straße in der Niederung des Erftflusses gelegenes.

Abgesehen von Kohle und Wasser waren die beiden Gelände sowohl in bezug auf die Anordnung der Gebäude und ihre Erweiterungsfähigkeit über den vorgesehenen Rahmen hinaus, wie auch bezüglich der Güte des Baugrundes einander durchaus gleichwertig. Beide Grundstücke hatten Vorzüge und Nachteile. Das erstgenannte Gelände liegt in unmittelbarer Nähe des Tagebaues der Grube Fortuna. Dadurch ist es möglich, die Braunkohle über eine verhältnismäßig kurze Förderstrecke durch Kettenbahn und Transportbänder in die Bunker der Kesselhäuser zu fördern. Ebenso bequem gestaltete sich der Abtransport der Asche in die abgebauten Stellen des Tagebaus. Das zweite Grundstück dagegen lag so weit vom Tagebau entfernt, daß der Bau einer besonderen, etwa 2,5 km langen Kohlenbahn als normalspurige Eisenbahn oder als Seilbahn erforderlich gewesen wäre. Der Rücktransport der Asche zur Grube hätte auf demselben umständlichen Wege erfolgen müssen.

Bei der Wasserbeschaffung lagen genau entgegengesetzte Verhältnisse vor. Es lag von vornherein fest, daß in beiden Fällen nicht genügend Frischwasser zur Kondensation zur Verfügung stehen würde. Daher wurde auf jeden Fall eine Rückkühlanlage zur Rückgewinnung des einmal beschafften Kühlwassers vorgesehen. Die Frage der Wasserversorgung beschränkte sich auf die Beschaffung des durch die Verdunstung in den Kühltürmen bedingten Zusatz-Kühlwassers und des normalen Gebrauchswassers. Nach überschlägiger Rechnung mußte beim Vollausbau des Werkes ein stündlicher Wasserbedarf von etwa 750 m^3 vorliegen. Die Beschaffung dieser Wassermenge auf dem Baugelände nördlich des alten Kraftwerks durch Anlage von Brunnen war nicht möglich, da es an Wasseradern fehlte. Auch die Verwendung des Grubenwassers kam nicht in Frage, weil es erstens seiner Beschaffenheit nach ungeeignet und ferner auch nur in ungenügender Menge vorhanden ist. Auf dem Grundstück in der Erftniederung hätte die verlangte Wassermenge durch ein Brunnenwerk ohne Schwierigkeit beschafft werden können, da auf diesem Gelände das Vorhandensein reichlicher Wasseradern bei einem Grundwasserspiegel von 4 bis 5 m unter Erdoberfläche durch Bohrungen nachgewiesen war.

Daher war unter dem Gesichtspunkt des Kohlentransportes das Grundstück an der Fortunagrube, unter dem Gesichtspunkt der Wasserbeschaffung das Grundstück in der Erftniederung das günstigere. Im ersten Falle mußte das Wasser aus der Erftniederung durch eine 2,5 bis 3 km lange Rohrleitung heraufgepumpt, im andern Falle mußte die Kohle durch eine mechanische Transporteinrichtung von der Grube Fortuna in das Erfttal befördert werden. Eine Gegenüberstellung der Anlage- und Betriebskosten einerseits der hydraulischen, andererseits der mechanischen Einrichtung bewies, daß die Beförderung des Wassers weit billiger ist, als der Transport der Kohle, und entschied damit endgültig zugunsten des Baugeländes an der Grube Fortuna.

I. Die Wahl der Verteilspannungen.

Durch den Anschluß des Kraftwerks Fortuna an das rheinische 100 000 V-Netz war die Verteilspannung für dieses zweite Absatzgebiet gegeben. Für die Belieferung des Hauptabnehmers, der Stadt Köln, kam diese hohe Spannung nicht in Betracht. Die wirtschaftlichen Vorzüge einer Freileitung für 100 kV kommen erst bei längeren Strecken zur Geltung. Bei der verhältnismäßig kurzen Entfernung von 20 km hätten die teureren Anlagekosten den Minderverbrauch an Leitungskupfer mehrfach überstiegen. Außerdem hatte man vereinbart, die Speiseleitungen als Kabel zu verlegen. Als Verteilspannung für diese Kabelleitungen wurde 25 kV festgesetzt. Auch Spannungen von 50 bis 60 kV hätten noch unbedenklich in Kabelleitungen bewältigt werden können. Die verhältnismäßig niedrige Spannung von 25 kV bevorzugte man deshalb, weil schon die vom Kraftwerk I nach Köln führenden Kabel mit dieser Spannung betrieben werden, und weil die Übernahmestationen der Stadt Köln einmal auf diese Spannung eingerichtet sind. Im anderen Falle hätte die Anlage besonderer Umspannstationen die Energieübertragung wesentlich verteuert. Insbesondere hätte auch die Parallelschaltung mit dem Kraftwerk I größere Schwierigkeiten gemacht. Im übrigen erfordert die Übertragung mit 25 kV bei mäßigen, normalen Leitungsverlusten nicht mehr als übliche Kabelquerschnitte.

Als Grundspannung für die Eigenbedarfsanlage wählte man nicht die Klemmenspannung der Generatoren (= 6300 V), sondern die niedrigere Grundspannung von 3150 V. Diese Spannung ist aus zweierlei Gründen zweckmäßiger. Erstens stimmt sie überein mit der Generatorspannung und der Eigenbedarfsspannung des alten Kraftwerks, so daß man im Notfalle die Eigenbedarfsanlagen der beiden Werke über die 3 kV-Schienen parallel schalten kann. Dies erleichtert ungemein das Anfahren eines der beiden Werke nach einer völligen Stillegung und schafft eine wirksame Reserve für den Fall, daß in der Eigenbedarfsanlage eines Werkes eine größere Störung eintritt. Zweitens ist die Spannung von 3150 V zur Speisung von Hochspannungsmotoren wesentlich besser geeignet als die immerhin etwas kritische Betriebsspannung 6300 V. Daher konnten die wichtigsten Antriebe im Kraftwerk unmittelbar an die Grundspannung der Eigenbedarfsanlage gelegt werden.

K. Über die Bauorganisation.

Das Kraftwerk Fortuna II ist nach den Angaben des Rheinischen Elektrizitätswerks — bzw. des Verfassers — im einzelnen von den Siemens-Schuckertwerken G. m. b. H., Berlin-Siemensstadt projektiert. Die technische Oberaufsicht behielt der Besteller. Das von den Siemens-Schuckertwerken auf der Baustelle eingerichtete bau- und maschinentechnische Baubüro hatte in Gemeinschaft mit der Leitung des Rheinischen Elektrizitätswerks über die Abwicklung des Bauprogramms Aufsicht zu führen.

Diese Arbeitsweise wurde von dem Rheinischen Elektrizitätswerk mit Bedacht bevorzugt, obwohl auch die Errichtung des Kraftwerks unter eigener Regie und eigener Bauleitung in mancher Hinsicht recht zweckmäßig erschien. Die Vereinigung der ganzen Bauorganisation in der Hand einer einschlägigen Großfirma bot zwei wichtige Vorteile. Erstens verfügte die genannte Firma über einen vollständigen Stab bewährter Spezialfachleute, die überdies durch die Bearbeitung des Projektes mit den Verhältnissen des Bestellers schon vertraut waren. Eine gleichwertige Gruppe von Ingenieuren hätte sich in solcher Vollkommenheit wohl schwerlich in kurzer Zeit zusammenstellen lassen. Jedenfalls hätte das Einarbeiten und Zurechtfinden zu Anfang sicherlich viel Zeit gekostet. Überdies hätten sich Fachleute von Ruf zur Übernahme vorübergehender Bauarbeiten wohl kaum bereitgefunden. Bekanntlich werden im normalen Kraftwerksbetrieb verschwindend wenig Arbeitskräfte gebraucht. Nach Fertigstellung des Werkes hätte daher die Mehrzahl der geworbenen Spezialisten wieder entlassen werden müssen.

Zweitens genoß das Rheinische Elektrizitätswerk nun den Vorzug, daß die reichen und wertvollen Erfahrungen, die sich in einer derartigen Spezialfirma von Tradition seit Menschenaltern gesammelt haben, dem Bau des neuen Kraftwerks in vollem Maße zugute kamen.

II. Gesamt-Überblick.

A. Lage des Kraftwerks.

Das Kraftwerk Fortuna II liegt mit dem alten Kraftwerk Fortuna und der gleichnamigen Braunkohlengrube in der Luftlinie gemessen etwa 20 km westlich von Köln und ungefähr ebensoweit nordöstlich von Düren. In 8 km Entfernung, bei Quadrath, führt die große Landstraße Köln—Jülich—Aachen vorbei. Eine feste Straße, die sogenannte Fortunastraße, verbindet Quadrath mit den Fortunawerken und geht weiter bis Oberaußem. Durch die Station Fortunagrube sind die Werke an die normalspurige Nebenbahn Horrem — Bergheim — Rommerskirchen angeschlossen, die die beiden Hauptstrecken Köln—Aachen und Köln—M.-Gladbach als dritte Dreieckseite mit einander verbindet. Auf der Westseite der

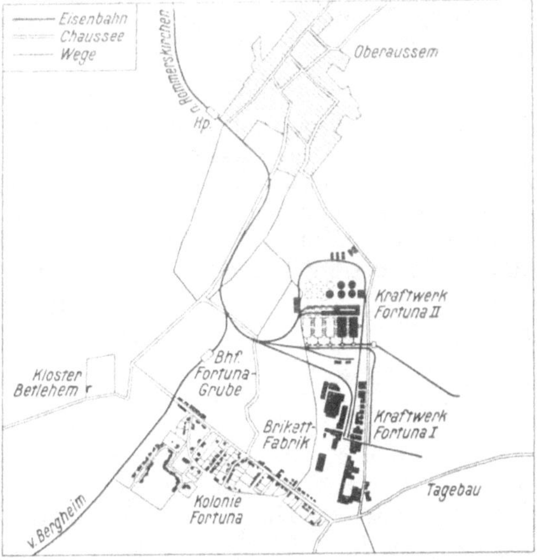

Bild 8. Lage des Kraftwerkes.

Bild 9. Ansicht des Kraftwerks von Osten.

Fortunastraße (von Quadrath aus links) liegen zunächst die Gebäude der Brikettfabrik und des alten Kraftwerks; dann schließt sich der Grubenrangierbahnhof und dahinter, am weitesten nördlich, das Gelände des Kraftwerks II an; bis an den Ostrand der Straße dehnt sich der Tagebau (Bild 8).

B. Gesamtanordnung.

Die Gesamtdisposition des Kraftwerks Fortuna II auf dem 18 ha großen Grundstück geht aus dem Lageplan (Bild 11) hervor. Die heute schon stehenden Gebäude sind mit starken Linien ausgezogen und schraffiert. Die zum endgültigen Ausbau noch fehlenden Teile sind in schwachen, gestrichelten Umrißlinien angedeutet. Von Süden nach Norden fortschreitend finden wir folgende Gruppen streifenförmig aneinandergesetzt:

Bekohlungsanlage,
Kesselhäuser,
Maschinenhaus,
Schalthäuser,
Kühltürme.

Im einzelnen: senkrecht zur Fortunastraße in einer Achse: das Brecherhaus, in das die vom Tagebau kommende Kettenbahn einmündet, und zwei hintereinander geschaltete Kohlenverteiltürme. In der Verlängerung der Querachse jedes Verteilturmes je ein Kesselhaus mit der Achse der Fortunastraße parallel. Die 16 m breiten Zwischenräume sind

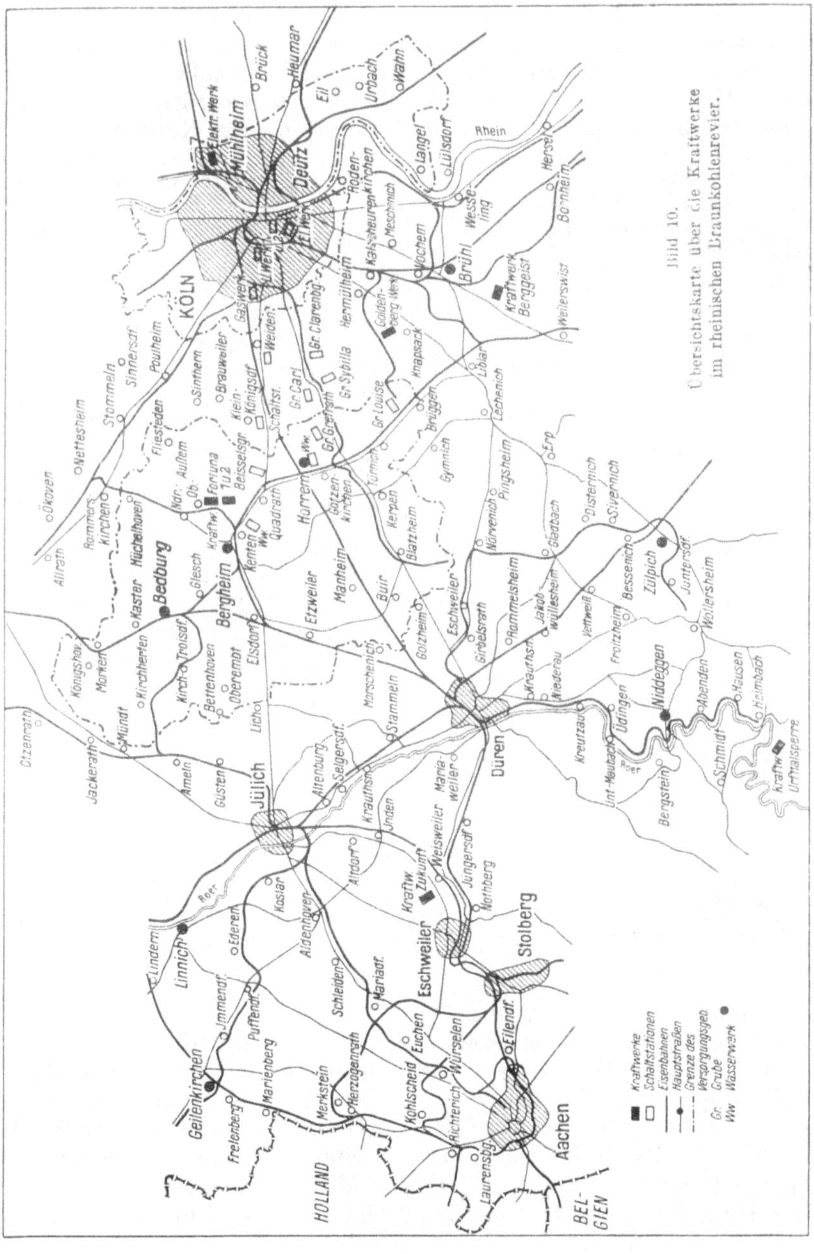

Bild 10.
Übersichtskarte über die Kraftwerke
im rheinischen Braunkohlenrevier.

z. T. mit Schornsteinen und Nebengebäuden ausgefüllt (zwischen den Kesselhäusern I und II liegen das Speisewasserhaus, das Entaschungsgebäude und ein Aufenthaltsgebäude). Weiter schließt sich das langgestreckte Maschinenhaus an, senkrecht zu den Kesselhäusern und mit diesen durch Übergänge verbunden. Zwischen dem Kesselhaus I und

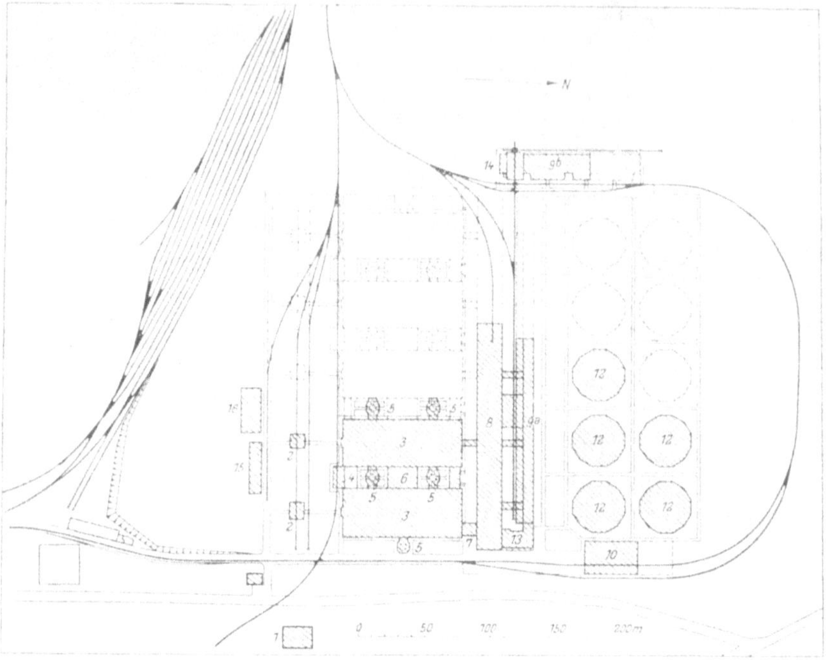

Bild 11. Lageplan des Kraftwerks.

1. Brecherhaus
2. Verteiltürme
3. Kesselhäuser
4. Entaschungsgebäude
5. Schornsteine
6. Speisewasserhaus
7. Turm
8. Maschinenhaus
9a. 25 kV-Schalthaus
9b. 100 kV- „
10. Permutithaus
12. Kühltürme
13. Bureaugebäude
14. Transformatorwerkstatt.
15. Werkstatt
16. Lager

dem Maschinenhaus steht der 70 m hohe Turm; sein Sockel ist als Durchfahrt für eine 10 m breite zwischen den Stirnseiten der Kesselhäuser und der Längsseite des Maschinenhauses hinführende Werkstraße ausgebildet. Parallel zum Maschinenhaus und von diesem durch einen ebenfalls 10 m breiten Hof getrennt, verläuft das 25 000 V-Schalthaus. Die Transformatorenzellen sind an der dem Maschinenhaus zugewandten Seite angeordnet. Das Schalthaus ist mit dem Maschinenhaus durch drei Übergänge und ferner durch die den Hof überspannende Schaltbühne verbunden. Das Kopfende des Schalthauses nach der

Fortunastraße zu ist als Bureaugebäude eingerichtet. Den Nordrand des Grundstücks nehmen zwei dem Maschinenhaus parallele Kühlturmreihen ein. Von den zehn vorgesehenen Kühlern sind bis jetzt fünf ausgeführt. Den Abschluß der Kühlanlage nach Westen bildet das Permutithaus, das der Aufbereitung des Kühlwassers dient. Am freien Ostende des Grundstücks liegt das 100000 V-Schalthaus, etwa im Blickfelde zwischen dem 25000 V-Schalthaus und den Kühlerreihen. Mit dem 100 kV-Haus verbunden ist eine Transformatorenwerkstatt und Ölkocherei.

Bild 12. Haupteingang des Kraftwerks Fortuna II.

Diese Gebäude, soweit sie von Osten sichtbar sind, finden wir in Bild 13 wieder. Mit der linken Ecke beginnend erkennen wir:

die Kettenbahn in das Brecherhaus einmündend,
das Brecherhaus mit einer Bandbrücke zum ersten Verteilturm,
den ersten Verteilturm mit Bandbrücke zum Kesselhaus I und zum zweiten Verteilturm,
das Kesselhaus I, wohinter das gleichartige Kesselhaus II,
die Schornsteine,
den Turm,
das Maschinenhaus,
das Bureaugebäude mit anschließendem 25 kV-Schalthaus,
das 100 kV-Schalthaus im Hintergrunde,
das Permutithaus (Aufbereitung des Kühlwassers),
die beiden Reihen der Kühltürme.

Ein wichtiges Gebäude ist im Lageplan (Bild 11) und in der Ansicht (Bild 13) nicht enthalten, das Wasserwerk Fortuna in Kenten, das etwa 2,5 km entfernt in der Erftniederung liegt.

C. Eisenbahnanschlüsse.

Im Lageplan (Bild 11) sind die zahlreichen, bemerkenswerten Eisenbahnanschlüsse eingezeichnet. Man könnte drei Gruppen von Anschlüssen unterscheiden:

Bild 13. Gesamtansicht des Kraftwerks Fortuna II.

Bild 14. Ansicht des Kraftwerks von Südwesten.

Anschlußgeleise füs Kohle und Asche,
Anschlußgeleise für Maschinenhaus und Schalthäuser,
Ringgeleise mit Anschluß an das Permutithaus.

Die erste Gruppe zweigt vom Grubenbahnhof in westöstlicher Richtung ab und umfaßt vier Geleise. Ein Geleise führt in der gemeinsamen Achse der Kohlentürme unter diesen hinweg und ermöglicht eine Entleerung des Turmbunkers in untergeschobene Eisenbahnwagen. Zwei weitere Geleise, ein Zubringergeleise für Werkstatt und Magazin und ein Abstellgeleise führen rechts und links an den Verteiltürmen vorbei. Das vierte geht hart an den Stirnseiten der Kesselhäuser entlang durch die Unterfahrt des Entaschungsgebäudes. Dieses Geleise ist nicht wie die drei anderen ein Kopfgeleise, sondern führt in einer Schleife zur Kippstelle. Die zweite Gruppe besteht aus zwei Geleisen, von denen das eine zum Maschinenhaus führt, das andere an den Transformatorenzellen des 25 kV-Schalthauses entlangläuft. Das Ringgeleise säumt die Transformatorenkammern des 100 kV-Hauses, umgeht die Kühlturmanlage und führt durch das Salzlager des Permutithauses und neben diesem vorbei zum Grubenbahnhof zurück. Längs der Transformatorenkammern des 100 kV-Hauses ist in das Ringgeleise ein paralleles Umgehungsgeleise eingeschaltet. An der Rückseite des 100 kV-Hauses (hinter den Ölschalterkammern) liegt ein kurzes, isoliertes Geleisstück, auf dem die Schalterkessel zur Ölkocherei und zurück befördert werden.

Es ist mithin dafür gesorgt, daß alle anrollenden Teile und Güter ohne Umladung bis dicht an ihren Standort herangefahren werden können.

Im Innern der Gebäude wird der Massentransport beim Ein- und Ausbau von Anlageteilen mit Hilfe von Laufkranen und Katzen (Maschinenhaus, Kesselhäuser, Permutithaus, Werkstatt, Brecherhaus) oder Schienenwagen (Schalthaus) bewältigt. Von diesen Hilfseinrichtungen wird später im einzelnen die Rede sein.

D. Bewegungs-Richtungen.

In der Gesamtanordnung der Gebäude, aus denen sich das Kraftwerk zusammensetzt, treten zwei große Bewegungsrichtungen auf. Die Süd-Nord-Richtung kennzeichnet die Veredelung der latenten Kohlenenergie, die nach einer Umsetzung über mehrere Stufen das Kraftwerk als elektrische Energie verläßt. Die Ost-West-Linie gibt die Richtung des Ausbau-Fortschritts an. Mit dem Bau des Werkes ist an der Ostseite des Grundstücks, also nächst der Fortunastraße begonnen worden. Die Erweiterung des Werkes nach Westen zu ist bis zum vorgesehenen Gesamtausbau ohne weiteres und darüber hinaus nach Verlegung des Ringgeleises sehr leicht möglich.

E. Übersicht über die Gebäudegattungen.

Unter den Gebäuden, die wir im vorigen Abschnitt als Bestandteile des Kraftwerkes kennenlernten, können wir nach Form und Funktion etwa 13 Gattungen unterscheiden:

1.	Brecherhäuser	1 (2)
2.	Verteiltürme	2 (5)
3.	Kesselhäuser	2 (5)
4.	Entaschungsgebäude	1 (3)
5.	Schornsteine	5 (10)
6.	Speisewasserhäuser	1 (3)
7.	Türme	1 (2)
8.	Maschinenhaus	1, $l = 176$ m (1, $l = 276$ m)
9.	Schalthäuser	2, $l_1 = 150$ m, $l_2 = 67$ m (2, $l_1 = 225$ m, $l_2 = 105$ m)
10.	Permutithaus	1, $l = 40$ m (1, $l = 65$ m)
11.	Wasserwerk	1 (1)
12.	Kühltürme	5 (10)
13.	Bureaugebäude	1 (1).

Die nachgestellten Zahlen geben an, in welcher Anzahl die jeweiligen Gebäude gegenwärtig vorhanden sind. Die eingeklammerten Zahlen kennzeichnen die Anzahl der gleichartigen Gebäude nach abgeschlossenem Vollausbau. Wie aus diesen Zahlen hervorgeht, tritt bei den meisten Gebäudearten (1 bis 7, 12) jede Erweiterung dadurch in Erscheinung, daß neue selbständige Gebäude hinzugefügt werden. Nur die Gruppen 8, 9 und 10 stellen streng genommen keine Gattungen, sondern Einzel-

Bild 15. Kraftwerk und Kolonie Fortuna.

individuen dar, bei denen sich eine Erweiterung als Wachstum in Richtung der Achse geltend macht.

F. Wirkungsweise des Kraftwerks: die fünf Kreisläufe.

Die 13 Gebäudegattungen sind die Elemente des Kraftwerks. Ihre Aufzählung verrät uns noch nichts über ihre Wirkungsweise und ihre wechselseitigen Funktionen. Die Vielheit dieser verschiedenartigen Elemente erscheint vielmehr im ersten Augenblick verwirrend und undurchsichtig. Tatsächlich werden sie aber durch ein strenges Schema zusammengehalten, das ihr Zusammenwirken und Ineinandergreifen genau und eindeutig bestimmt. Dieses Schema ist in Bild 16 dargestellt.

Wir erkennen darin, daß sich das Kraftwerk mit allen seinen Einrichtungen in fünf große Kreisläufe zergliedern läßt; es sind:

I. Der Kohle-Asche-Kreislauf.
II. Der Kreislauf der Verbrennungsluft.
III. Der Speisewasser-Dampf-Kreislauf.
IV. Der Kühlwasser-Kreislauf.
V. Der elektrische Kreislauf.

Bei der Darstellung des Kraftwerks im einzelnen wollen wir uns dieser, durch die fünf Kreisläufe gegebenen natürlichen Gliederung anschließen.

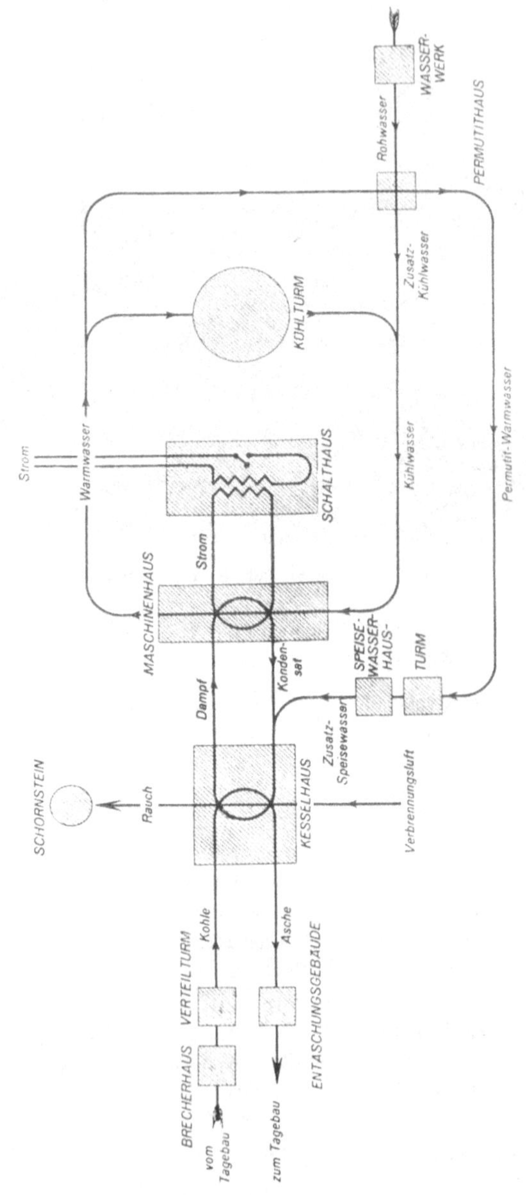

Bild 16. Schematische Darstellung der Wirkungsweise des Kraftwerks (5 Kreisläufe)

Überblick über die 5 Kreisläufe.

I. Kohle — Asche-Kreislauf.

Die mit einer Kettenbahn aus dem Tagebau geförderte Braunkohle wird im Brecherhaus zerkleinert, gelangt auf einem schrägen Förderband in den Verteilturm und wandert auf einem zweiten Förderband in die Bunker des Kesselhauses. Aus den Bunkern gleitet sie auf die Feuerungen, verbrennt und fällt als feinkörnige Asche in den Aschentrichter. Hier wird sie pneumatisch abgesaugt und in das Entaschungsgebäude gefördert. Im Entaschungsgebäude wird die Asche in Spezialwagen verladen und an einer Kippstelle in einen abgebauten Teil des Tagebaues ausgeschüttet. (Tagebau—Kettenbahn—Brecherhaus—Verteilturm—Kesselhaus—Feuerung—Entaschungsgebäude—Tagebau.)

II. Kreislauf der Verbrennungsluft.

Die Verbrennungsluft tritt durch die Bogenöffnungen im Sockel des Kesselhauses ein, wird beim Aufsteigen vorgewärmt und bewirkt in den Feuerungen die Verbrennung. Der Rauch zieht durch den Schornstein in die Atmosphäre zurück. (Atmosphäre—Kesselhaus—Feuerung—Fuchskanal—Schornstein—Atmosphäre.)

III. Speisewasser-Dampf-Kreislauf.

Der aus der Turbine austretende Dampf wird im Kondensator verdichtet und als Kondensat in den Kessel zurückgepumpt. Da immer ein kleiner Teil des umlaufenden Wassers wegen Undichtigkeiten in den Leitungen verlorengeht, so muß beständig eine geringe Menge Zusatzwasser nachgefüllt werden. Dieses Wasser wird dem Kühlwasserkreislauf entnommen, im Turm aufgespeichert und im Speisewasserhaus aufbereitet. (Kessel—Turbine—Kondensator—Kessel; Zusatz: Kühlwasserkreislauf—Turm—Speisewasserhaus—Kessel.)

IV. Kühlwasser-Kreislauf.

Das aus dem Kondensator austretende, erwärmte Kühlwasser wird in Kühltürmen rückgekühlt und erneut zum Betrieb der Kondensatoren verwendet. Da immer ein verhältnismäßig großer Teil des Kühlwassers in den Kühltürmen verdunstet oder auf anderem Wege dem Kreislauf entzogen wird, so muß dem Kreislauf beständig neues Kühlwasser zugeführt werden. Dieses Wasser wird dem Wasserwerk entnommen und im Permutithaus aufbereitet. (Kondensator—Kühlturm—Kondensator, Zusatz: Wasserwerk—Permutithaus—Kondensator.)

V Elektrischer Kreislauf.

Der in den Generatoren erzeugte elektrische Strom wird in den Transformatoren auf höhere Spannung gebracht und im Schalthause auf mehrere Fernleitungen verteilt. (Generator—Transformator—Schalter—Kabel—Verbraucher und zurück.)

Das Wirkungsschema (Bild 16) bestätigt in sinnfälliger Weise, daß die Kesselhäuser und das Maschinenhaus, streng genommen: die Kesseleinheit und die Turboeinheit die eigentlichen Urbestandteile des Kraftwerks sind, und daß sämtliche zum Wesen eines Kraftwerks gehörigen Vorgänge sich lediglich im Kesselhaus und im Maschinenhaus abspielen.

Das Wesen der Erzeugung elektrischer Energie in einem Dampfkraftwerk beruht bekanntlich auf vier Umsetzungen:

A. Latente Energie der Kohle—Wärme.
B. Wärme—Dampfspannung.
C. Dampfspannung—mechanische Energie.
D. Mechanische Energie—Elektrizität.

Im Kesselhaus (Kesseleinheit) überschneiden sich die Kreisläufe I, II und III und bewirken dabei die Umsetzung A (in der Feuerung) und die Umsetzung B (im Dampfkessel)

$$I + II = A \text{ (Feuerung)}$$
$$A + III = B \text{ (Kessel)}$$

Im Maschinenhaus (Turboeinheit) überschneiden sich die Kreisläufe III, IV und V und bewirken dabei die Umsetzung C (in der Turbine) und die Umsetzung D (im Generator).

$$B + IV = C \text{ (Turbine)}$$
$$C + V = D \text{ (Generator).}$$

Alle übrigen Gebäude stehen also mit der Energieerzeugung nur in mittelbarer Beziehung, ihre Einrichtungen sind Hilfsbetriebe des Kesselhauses oder des Maschinenhauses.

Kesselhaus und Maschinenhaus sind die beiden Brennpunkte des Kraftwerks, um die herum sich alle Hilfsbetriebe in der durch die Kreisläufe gegebenen Gebundenheit gruppieren.

Dadurch erfährt der Gegenstand dieses Buches eine saubere Zweiteilung, die es uns gestattet, den sonst etwas formlos erscheinenden Stoff organisch zu zergliedern; wir unterscheiden daher:

I. Die Kesselhäuser und ihre Hilfsbetriebe.
II. Das Maschinenhaus und seine Hilfsbetriebe.

III. Die Kesselhäuser und ihre Hilfsbetriebe.

A. Überblick.

Die beiden bisher aufgeführten Kesselhäuser des Kraftwerks Fortuna II sind bis auf die Kesselbauart nach Form und Inhalt fast vollkommen gleichartig, so daß wir uns im wesentlichen auf die Betrachtung des ersten beschränken können. Die Abweichungen des Kesselhauses II sollen jeweils besonders hervorgehoben werden.

Wie wir im vorigen Abschnitt feststellten, ist das Kesselhaus wegen der in den Kesseleinheiten stattfindenden Überschneidungen der Kreisläufe I, II und III ein Brennpunkt der Massenfluktuation. Die Zusammenhänge zwischen dem Kesselhaus und seinen Hilfsbetrieben ergeben sich einfach dadurch, daß man von den Kesseleinheiten aus die geschnittenen Kreisläufe vorwärts und rückwärts, d. h. in Richtung des Zufließens und Abfließens verfolgt. Die drei geschnittenen Kreisläufe bestimmen also sechs verschiedene Bewegungsrichtungen, die in folgender Tafel benannt sind:

Kreislauf	zufließend	abfließend
I	Kohle	Asche
II	Luft	Rauch
III	Speisewasser	Dampf

Daraus ergeben sich in strenger Reihenfolge die dem Kesselhause zugeordneten Hilfsbetriebe:

Bekohlungsanlage,
Entaschungsanlage,
Schornsteinanlage,
Speisewasseranlage,
Dampfleitungen.

Wir werden uns in unseren Betrachtungen dieser natürlichen Reihenfolge anschließen. Die Gliederung des Stoffes entspricht etwa einer Besichtigung des Kraftwerks, bei der man zunächst im Kesselhause Umschau hält, um das Gebäude und seine Einrichtungen: die Kesseleinheiten, kennenzulernen und danach in Verfolgung der zufließenden und abfließenden Massen radiale Abstecher zu den Hilfsanlagen macht.

B. Das Gebäude.

Das Gebäude ist 92,64 m lang und 36,20 m breit. Die bauliche Gestaltung des Kesselhauses ist wesentlich bestimmt durch die Transportanlagen und Beförderungswege der Massenfluktuation. Besonders die parallel und senkrecht zur Achse gelegten Schnitte (Bild 17 und 18, Tafel nach S. 32) lassen erkennen, daß das Hauptaugenmerk des Erbauers auf möglichst glatte und einfache Bewältigung des Massentransports gerichtet war.

Von den umlaufenden Gütern waren Kohle und Asche als einzige feste Körper diejenigen, deren Beförderung die größten Schwierigkeiten machte. Für die Kohle war es das Gegebene, sie zunächst auf den höchsten Flur des Kesselhauses zu transportieren und von dort mit natürlichem Gefälle auf die Roste gleiten zu lassen. Dasselbe gilt natürlich auch für die Asche. Sie fällt von den Rosten in die Aschentrichter. Den Abtransport der

Asche aus den Aschenbunkern übernimmt eine besondere Einrichtung, die wir als pneumatische Entaschungsanlage noch kennenlernen werden. Dem senkrechten Fallweg der Kohle folgend ergaben sich demnach vier Stockwerke:

die Kohlenbunker,
der Bedienungsflur,
der Heizerflur,
der Aschenkeller.

Der Flur des Aschenkellers liegt zu ebener Erde. In den Aschenkellern, unter den Kesseln, Vorwärmern und Fuchskanälen münden von oben her die Abzugstrichter der Aschenbunker. 5,5 m über Aschenkellersohle liegt der Schürraumflur oder Heizerstand. Die Höhe des Schürraumes, 4,5 m, ist bedingt durch die Bauhöhe der Feuerungen, deren Roste von hier aus in ihrer ganzen Ausdehnung zu überblicken sind. Oberhalb des Schürraumes liegt der Bedienungsstand. Hier sind alle Bedienungs- und Meßgeräte der Dampfkesselanlage vereinigt.

Die Anordnung der Kesselhäuser wird beherrscht von dem Gedanken einer reichlichen Licht- und Luftzufuhr und einer bequemen Erreichbarkeit aller Teile.

Das Tageslicht kann durch die großen Dachlichter und durch reichlich bemessene Fenster einfallen. Wegen der sehr hoch angelegten Bunker kommt besonders das Oberlicht gut zur Geltung. Der Schürraum wird durch große Fenster in den Stirnwänden und von oben her durch Deckenöffnungen belichtet.

Die Belüftung geht vom Aschenkeller aus. Dies zu ebener Erde liegende Untergeschoß, das mit Unrecht Keller genannt wird, kann nach allen vier Seiten durch große, befahrbare Bogenöffnungen freigelegt werden. Die Lüftung ist durch Schiebetore regelbar. Die Decke des Aschenkellers ist durch große, mit begehbaren Rosten überdeckte Öffnungen durchbrochen. Daher kann die einziehende Frischluft durch die Öffnungen in den Decken des Heizer- und Bedienungsflurs bis zum Schürstand und Bedienungsstand hochsteigen. Diese natürliche Ventilation gibt einerseits den Feuerungen vorgewärmte Verbrennungsluft ab (Kreislauf der Verbrennungsluft) und führt andererseits dem Bedienungspersonal einen stets frischen Luftstrom zu. Warme Luft und Schwaden entweichen durch die zu beiden Seiten der Kohlenbunker in den Dächern der Seitenschiffe angebrachten Entlüfter.

In jedem Seitenschiff der Kesselhäuser ist ein Handlaufkran für eine Nutzlast von 5 t angeordnet, der die Seitenschiffe in ihrer ganzen Ausdehnung bestreichen kann (Bild 18, Tafel nach S. 32). Diese kleine Einrichtung erleichtert das Montieren und Abmontieren der Anlageteile und hat sich auch im normalen Betriebe als sehr nützlich erwiesen.

Wir betreten zunächst den Bedienungsflur (Bild 21). Er verläuft in der Längsachse des Kesselhauses von Giebel zu Giebel. Rechts und

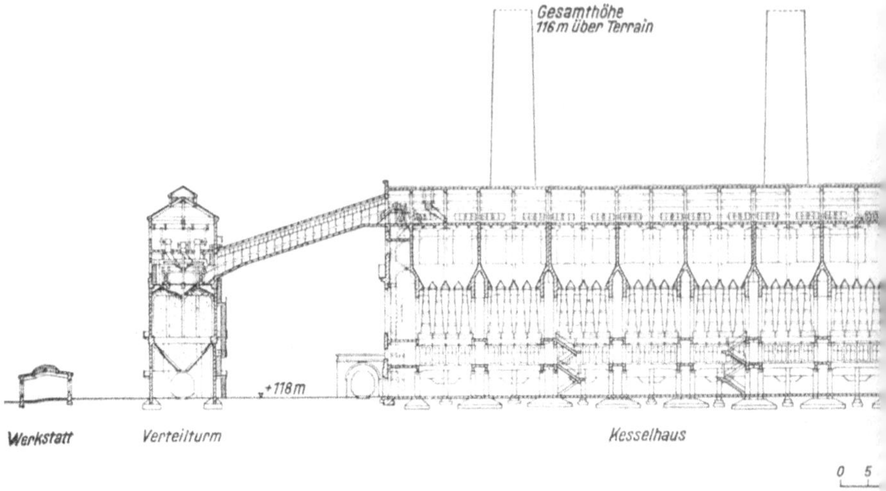

Bild 17. Längss

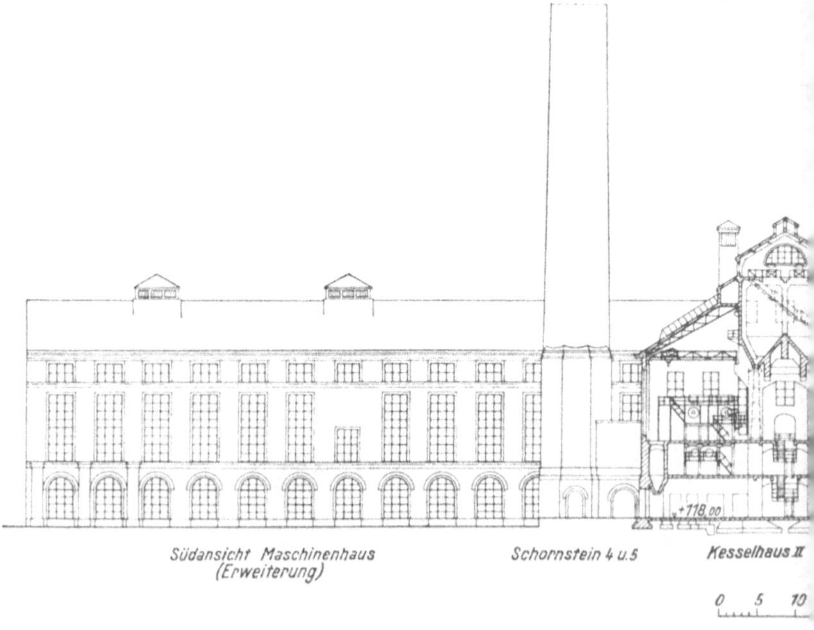

Bild 18. Quer

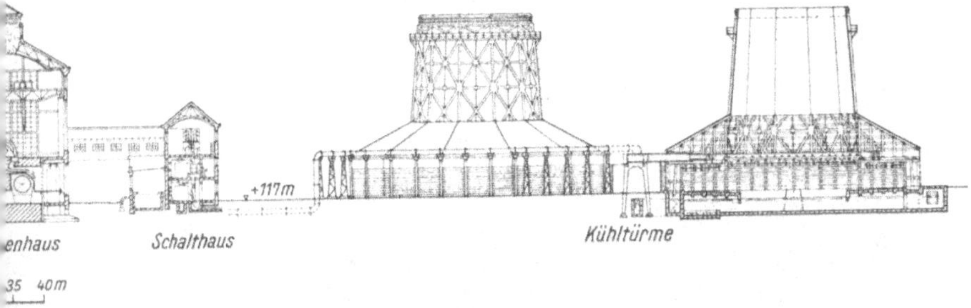

ganze Kraftwerk.

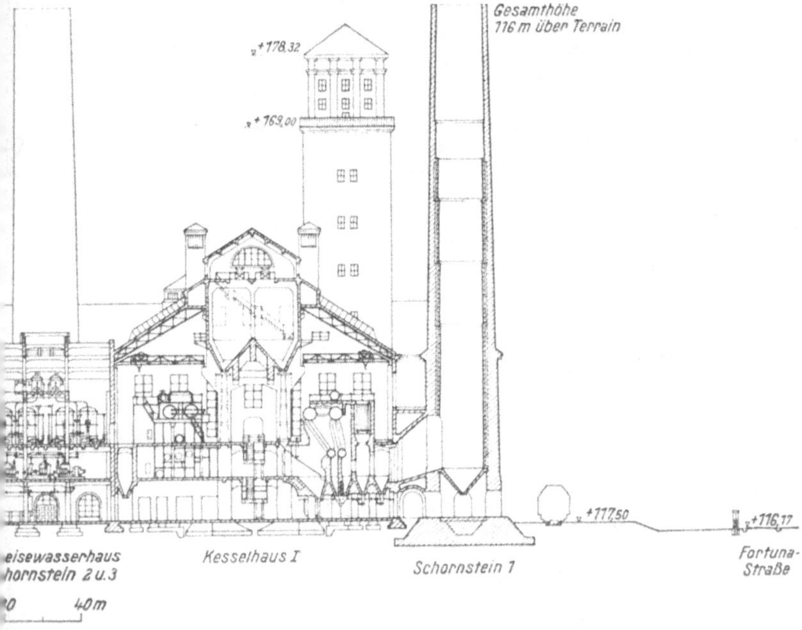

e Kesselhäuser.

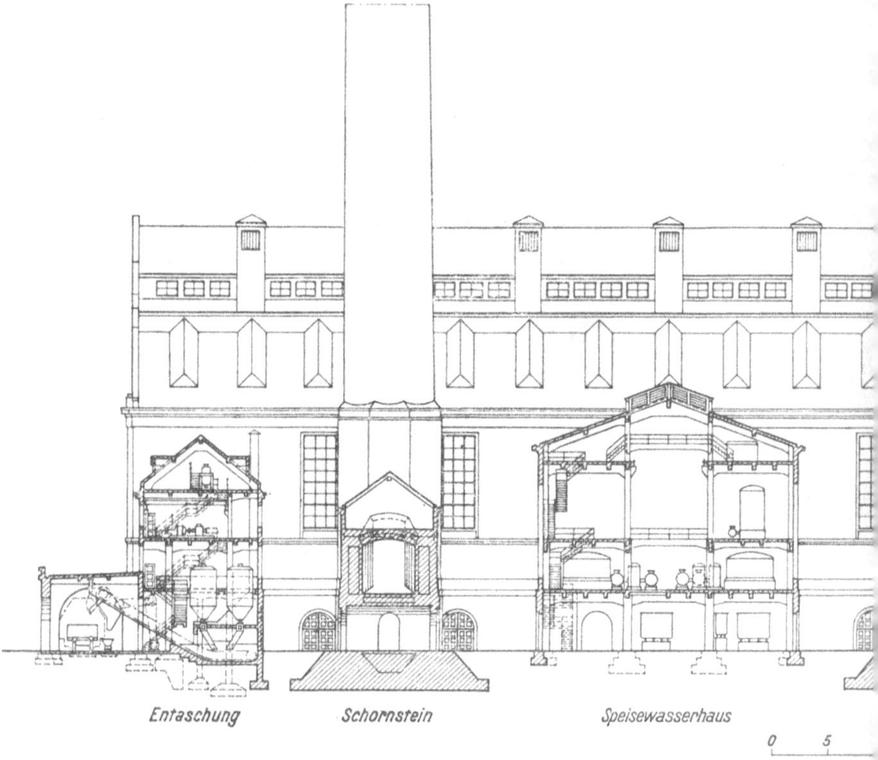

Bild 19. Längssc

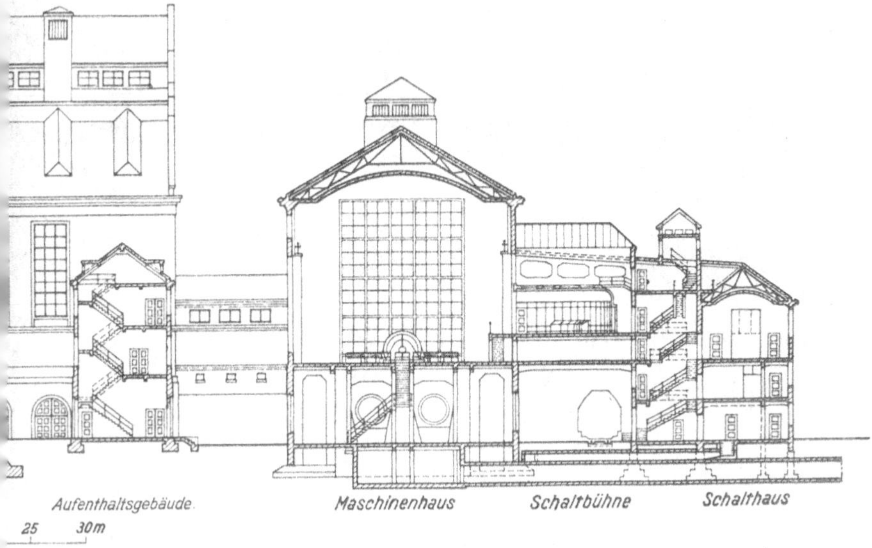

n Kesselhäusern.

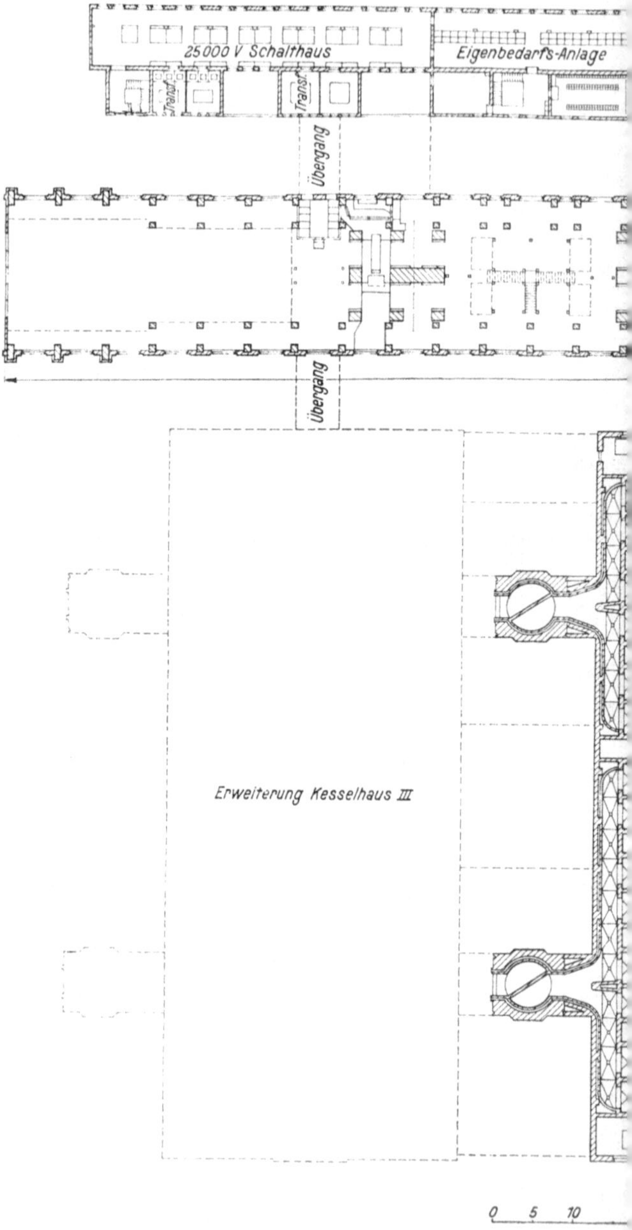

25000 V Schalthaus
Eigenbedarfs-Anlage
Transf.
Transf.
Übergang
Übergang
Erweiterung Kesselhaus III
0 5 10

Bild 20.

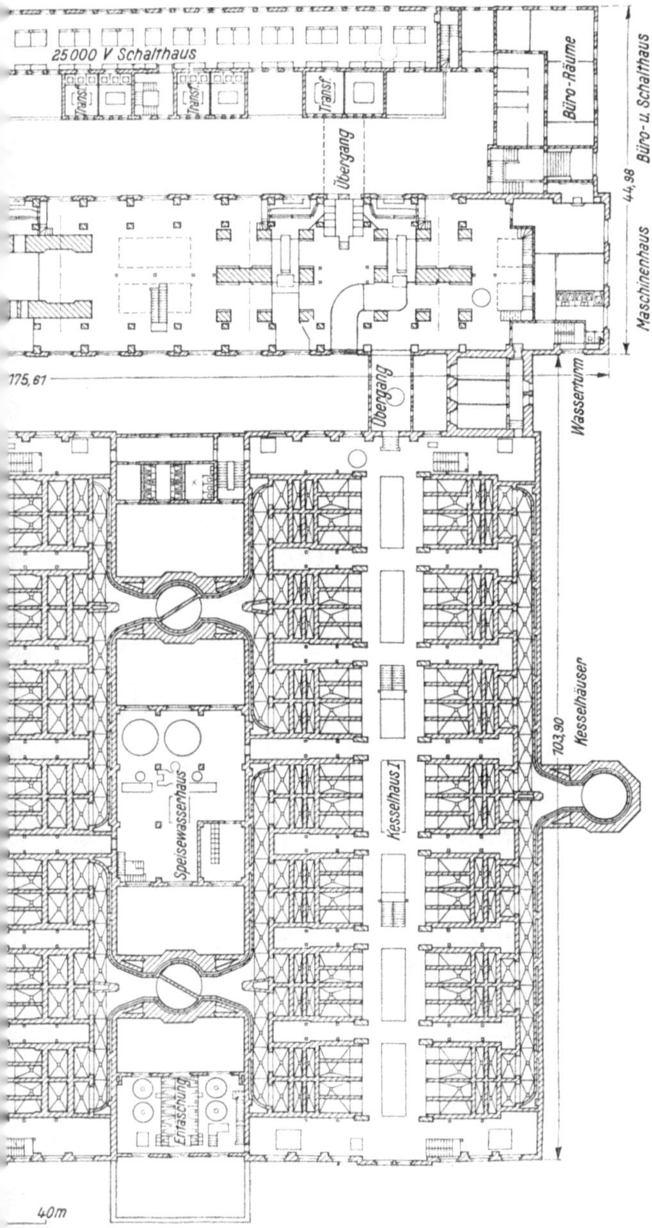

Kesselhäuser.

Bild 21. Mittelgang eines Kesselhauses.

links in zwei parallelen Reihen von je sieben Kesseln sind die vierzehn Kesseleinheiten eingebaut. Jeder Kessel beansprucht eine Grundfläche von 110 bis 115 m². Die Anordnung ist im einzelnen folgende: Der geringste Abstand zwischen

dem Mauerwerk zweier Kessel derselben Reihe ist 2,5 m,
der Rückwandung eines Kessels und der Längswand des Kesselhauses ist 2,3 m,
den Aschenfalltüren zweier gegenüberstehender Kessel ist 7,8 m,
den Endkesseln jeder Reihe und den Giebelwänden des Kesselhauses ist 5 m.

C. Die Kesseleinheiten.

1. Die Dampfkessel.

a) Allgemeines. Die bei der Wahl der Kesselbauart feststehenden Daten waren folgende:

Der Dampfdruck von 15,5 at Überdruck.
Die Dampftemperatur von 375° C.
Die Leistungen von normal 16 250, maximal 20 800 kg Dampf stündlich entsprechend einer
Heizfläche von 650 m².

Es ist zweckmäßig, innerhalb jedes Kesselhauses oder jeder Kesselreihe nach Konstruktion und Aufbau möglichst gleichartige Kessel aufzustellen. Andererseits sprechen zahlreiche bekannte Gründe dagegen, sämtliche Kessel des Kraftwerks von ein und demselben Fabrikanten zu beziehen. Schon im Interesse einer rechtzeitigen Anlieferung ist es besser, die Kesselaufträge auf mehrere Firmen zu verteilen. Daher hat das Rheinische Elektrizitätswerk die Herstellung der für die Kesselhäuser I und II erforderlichen 28 Kessel in Reihen von je sieben an folgende vier Firmen übertragen:

Deutsche Babcockwerke
Hannoversche Maschinenbau-A. G. (Hanomag),
L. & C. Steinmüller,
Röhrenkessel-Fabrik vorm. Dürr & Co.

In den Bildern 22—25 ist ein Kessel jeder der vier genannten Bauarten in Schnitten und Ansichten dargestellt.

Die Verteilung ist folgende:

Kesselhaus I	Ostseite:	Babcock-Kessel
	Westseite:	Hanomag-Kessel
Kesselhaus II	Ostseite:	Steinmüller-Kessel
	Westseite:	Dürr-Garbe-Kessel

Die Einheitlichkeit der ganzen Kesselanlage wurde dadurch noch verbessert, daß den vier Lieferwerken aufs strengste vorgeschrieben wurde, die Kesselarmaturen, wie Ventile, Hähne, Wasserstands- und Schaugläser, Manometer usw., in denselben Abmessungen und gleichen Ausführungen zu liefern und sich über eine gleichartige Anordnung der Bedienungsvorrichtungen, Bühnen, Treppen usw. zu verständigen.

In der allgemeinen Bauart und den Hauptabmessungen stimmen die vier Kesselarten überein. Jede Kesseleinheit besteht aus:

einem Steilrohrkessel nach dem 4-Trommel-Typ mit
 2 Oberkesseln und
 2 Unterkesseln, die durch
 eingewalzte Siederohre miteinander verbunden sind,
einem Vorwärmer,
einem Überhitzer und
einer Halbgas-Treppenrost-Feuerung.

Die Abmessungen dieser Hauptteile sind der Tafel unter Bild 26 zu entnehmen.

Für die Ausführung der Kessel wurde die Ausbildung großer Wasser- und Dampfräume vorgeschrieben, damit sich die Dampferzeugnng den möglichen Belastungsschwankungen anpassen kann, und damit ferner das mitgerissene Wasser im Dampfraum nachverdampft wird. Aus demselben Grunde ist darauf zu achten, daß die verdampfende Oberfläche

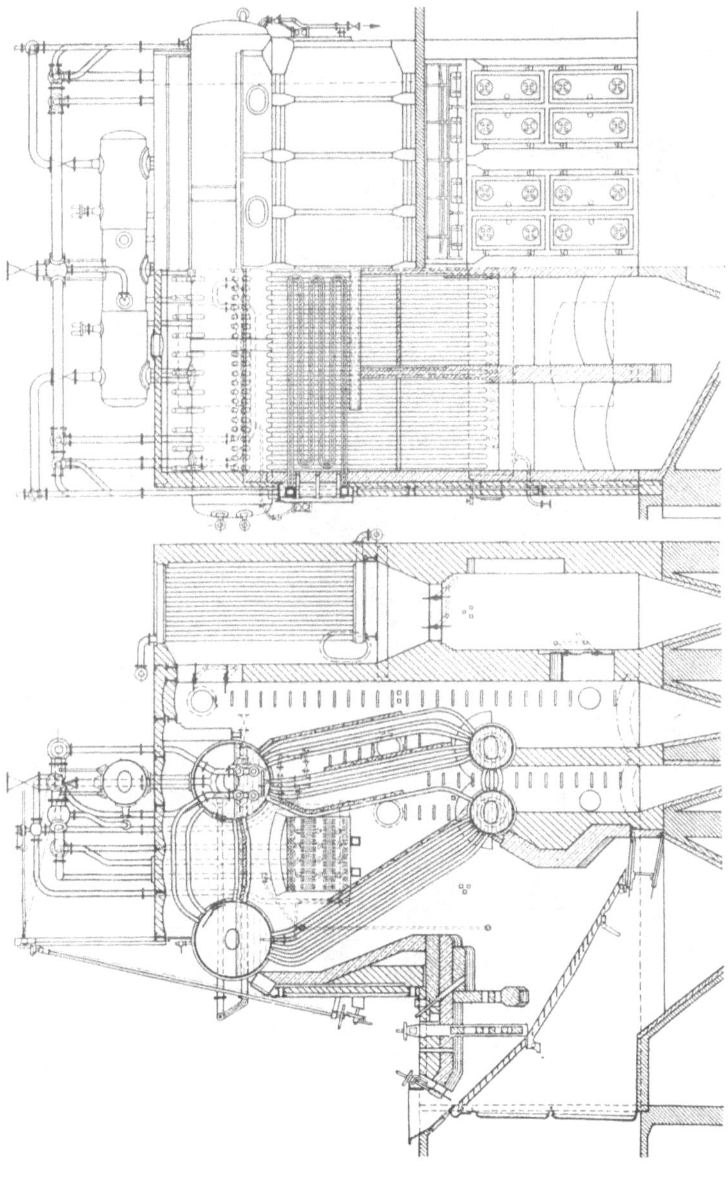

Bild 22. Babcock- und Wilcox-Steilrohrkessel.

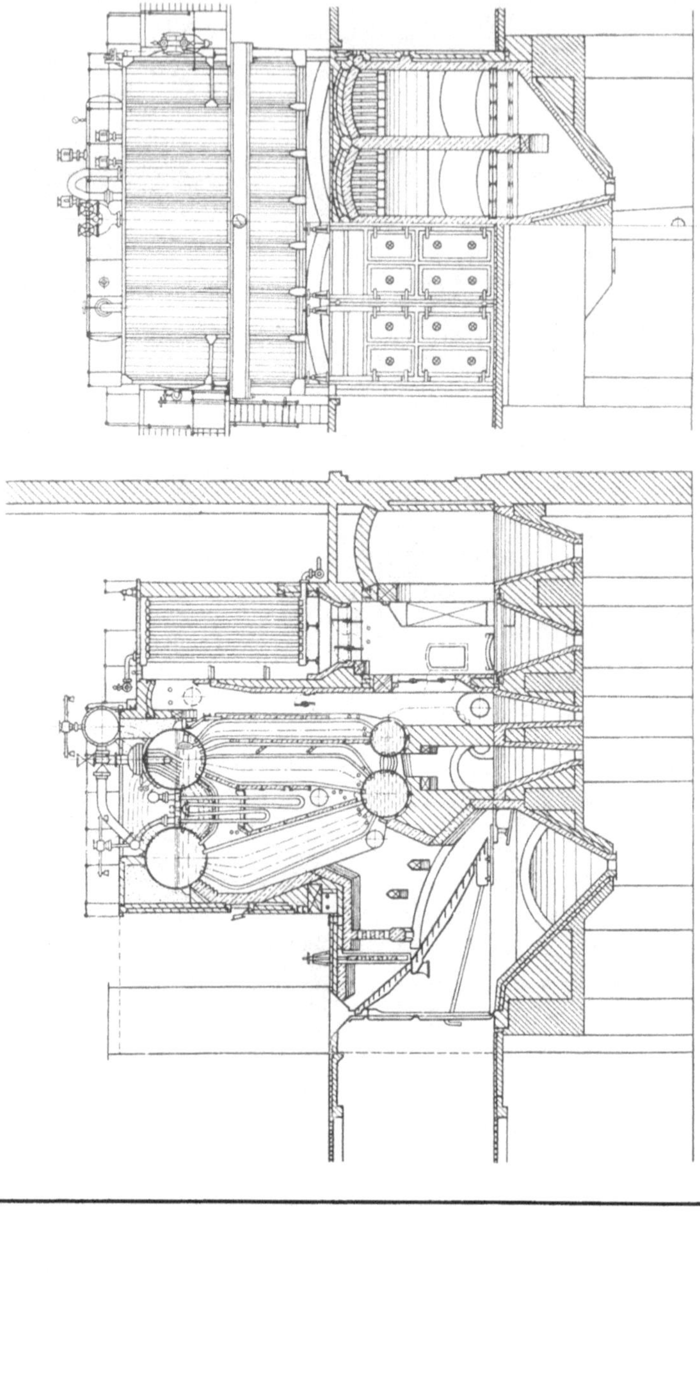

Bild 23. Hanomag-Steilrohrkessel.

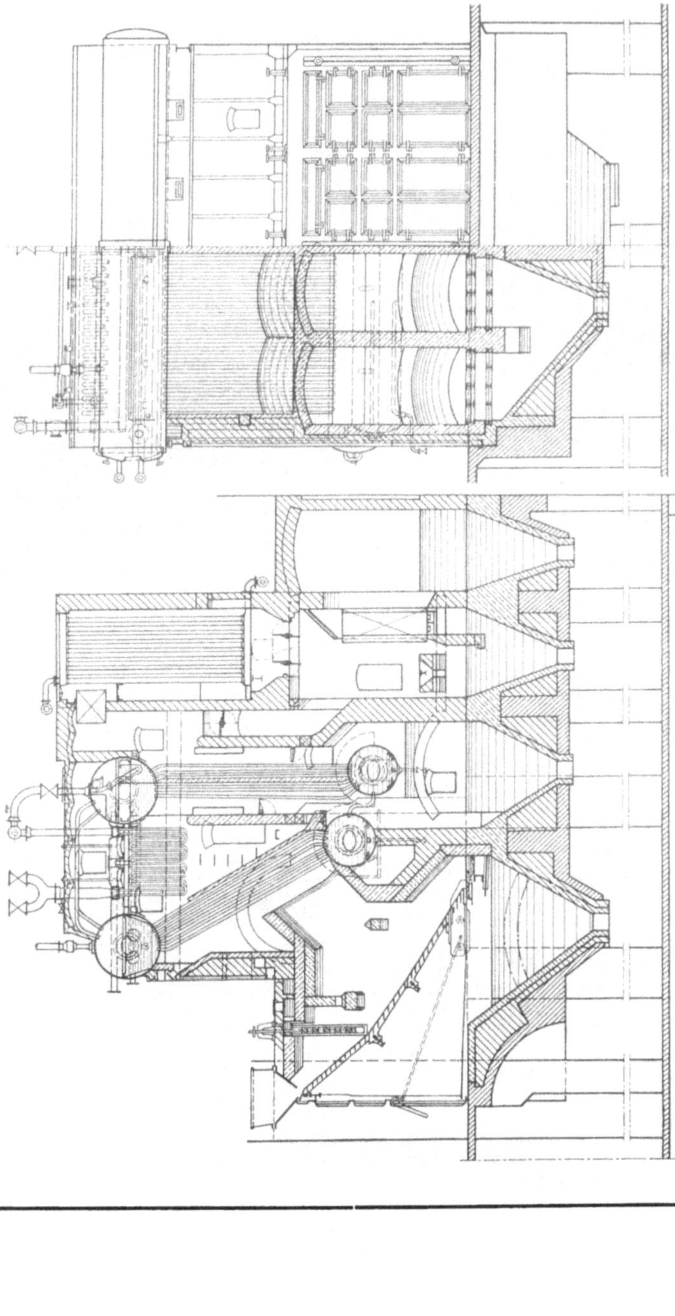

Bild 24. Steinmüller-Steilrohrkessel.

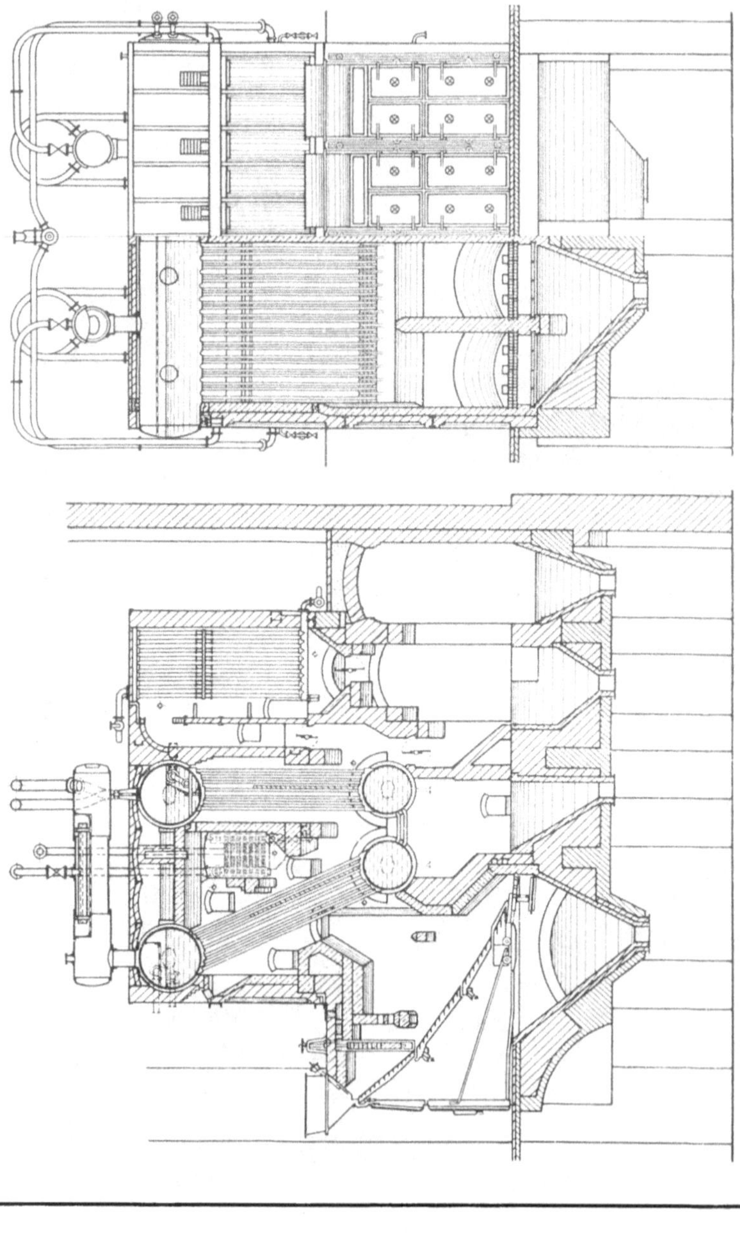

Bild 25. Dürr-Garbe-Steilrohrkessel.

Bauart	Babcock	Hanomag	Steinmüller	Dürr (Garbe)
für 15,5 at und 375° C Dampftemperatur z. E. = zum Vorwärmer	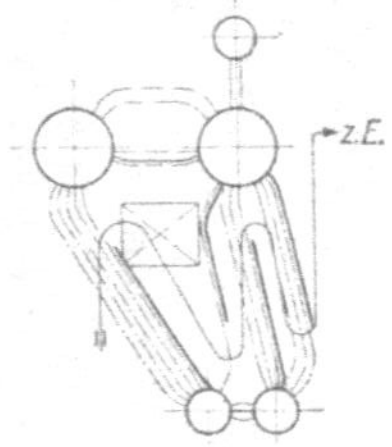	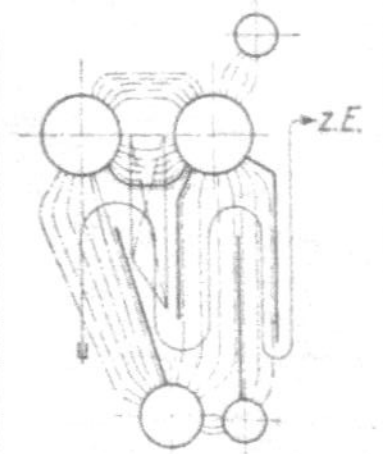	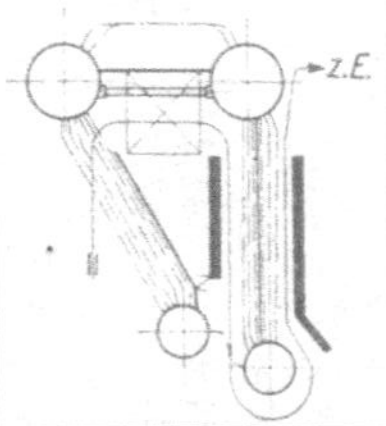	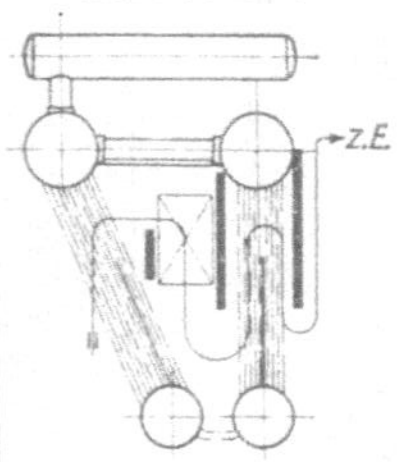
Kessel-Heizfläche . . . . m²	650	650	650	650
Überhitzer-Heizfläche . . . . m²	220	220	198	169
Vorwärmer-Heizfläche . . . . m²	416	416	410	384
Rost-Bauart	Halbgas-Treppenrost-Feuerung	Halbgas-Treppenrost-Feuerung	Halbgas-Treppenrost-Feuerung	Halbgas-Treppenrost-Feuerung
Rost-Fläche . . . . m²	44,4	44,4	44,4	44,4
Oberkessel-Anzahl	2	2	2	2
Oberkessel-Durchmesser . . . . mm	1600	1600	1500	1500
Oberkessel-Mantel-Länge . . . . mm	10000	8850	9900	9800
Unterkessel-Anzahl	2	1 | 1	1 | 1	2
Unterkessel-Durchmesser . . . . mm	915	1300 | 900	1100 | 1100	1200
Unterkessel-Mantel-Länge . . . . mm	8800	8570 | 8570	9550 | 8650	8920
Siederohre-Anzahl	501	588	516	644
Siederohre-Durchmesser . . . . mm	76/83	76/83	76/83	64/70
Dampfsammler-Anzahl	1	1	—	2
Dampfsammler-Durchmesser . . . . mm	915	900	—	900
Dampfsammler-Mantel-Länge . . . . mm	5500	6445	—	5200
Wasserraum . . . . m³	33,7	46,4	50	47,7
Dampfraum . . . . m³	24,5	22,4	14,5	24,5
Verdampfungs-Fläche . . . . m²	33	28,3	30	28

Bild 26. Gegenüberstellung der 4 Kesseltypen.

nicht zu klein ist; bekanntlich ist der Wassergehalt des Dampfes der verdampfenden Oberfläche umgekehrt proportional.

In folgender Tafel sind die Volumenverhältnisse der vier Kesselarten zum Vergleiche einander gegenübergestellt.

	Babcock	Hanomag	Steinmüller	Dürr-Garbe
Dampferzeugung in kg je Stunde insgesamt . . . . normal	16 250	16 250	16 250	16 250
maximal	20 800	20 800	20 800	20 800
je m² Verdampfungsfl. normal	490,4	574,2	541,7	580,4
maximal	630,3	734,9	693,3	742,9
Verhältnis des Dampfraums in m³ zur stündl. Sattdampferzeugung in m³ normal	$\frac{1}{82,6}$	$\frac{1}{90,4}$	$\frac{1}{125,8}$	$\frac{1}{82,6}$
maximal	$\frac{1}{105,8}$	$\frac{1}{115,7}$	$\frac{1}{173,7}$	$\frac{1}{105,8}$
Verhältnis des Dampfraums zum Wasserraum	$\frac{1}{1,33}$	$\frac{1}{2,07}$	$\frac{1}{3,45}$	$\frac{1}{1,92}$
Verhältnis des ganzen Kesselinhaltes in m³ zur stündl. Sattdampferzeugung in m³ . . . . . . normal	$\frac{1}{34,79}$	$\frac{1}{29,43}$	$\frac{1}{31,39}$	$\frac{1}{28,04}$
maximal	$\frac{1}{44,53}$	$\frac{1}{37,67}$	$\frac{1}{40,18}$	$\frac{1}{35,90}$

Auffallend gering ist in vorstehender Tafel das Dampfraumverhältnis bei den Steinmüller-Kesseln. Diese Kessel haben nämlich keine Dampfsammler, vielmehr wird das mitgerissene Wasser in einem eigenen Wasserabscheidungskasten abgesondert. Dieser ist im hinteren Oberkessel vor den Einmündungen der Dampfverbindungsrohre des vorderen Oberkessels eingebaut. Der eintretende Dampf erfährt eine Richtungsänderung um 180°, wodurch das mitgerissene Wasser, der Fliehkraft folgend, ausgeschieden wird.

b) Der eigentliche Kessel (Kesseltrommeln und Siederohre). Der eigentliche Kessel ist mit den oberen Trommeln in einem kräftigen, vom Kesselmauerwerk unabhängigen Eisengerüst aufgehängt. Diese selbständige Aufhängung ermöglicht eine ungehinderte Wärmeausdehnung der Kessel und Rohrsysteme und vermeidet das Sprengen des Mauerwerks. Die Unterkessel haben keine eigene Auflagerung, sie hängen mit ihrem ganzen Gewicht durch die verbindenden Rohre an den Oberkesseln.

Die Siederohre sind nahtlos gezogene Rohre und, soweit erforderlich, auf Spezialmaschinen gebogen. Sie sind mit den Kesseltrommeln durch einfaches Einwalzen und Aufdornen der Enden verbunden. Vor dem

Einwalzen werden die Rohrenden durch Sandstrahlgebläse gereinigt, so daß eine metallisch blanke Walzstelle geschaffen wird. Besonders bemerkenswert sind die Siederohre bei den Dürr-Garbe- und Steinmüller-Kesseln. Beim Dürr-Garbe-Kessel (Bild 27) sind nur vollkommen gerade Rohre verwendet, die mit größter Leichtigkeit durchleuchtet und ausgeblasen werden können. Damit nun die Rohre trotzdem einigermaßen

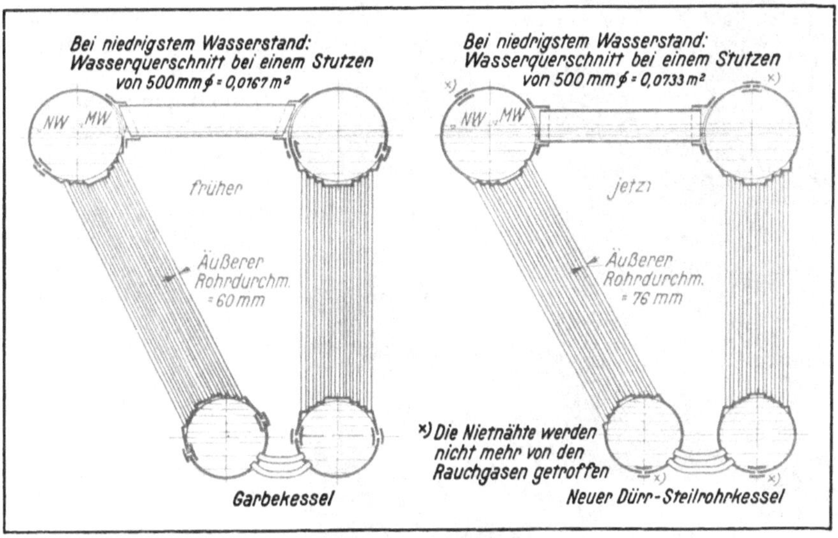

Bild 27. Verbesserung des Wasserumlaufs beim Dürr-Steilrohrkessel.

senkrecht in die Trommeln eintreten, sind in das glatte Mantelblech der Ober- und Unterkessel Stufen eingepreßt (Bild 28).

Hierbei ist wesentlich, daß die Stufenplatten mit der Kesseltrommel (im Gegensatz zu früheren Konstruktionen) nur ein Stück bilden, und daß die einzige Naht außerhalb des Bereichs der Feuergase liegt.

Bei den Steinmüller-Kesseln sind die Siederohre jedes Rohrbündels in zwei umgekehrt symmetrisch zueinander verlegte Gruppen unterteilt. Dadurch ist die Anzahl der Rohrtypen, die in den Kessel eingebaut werden, stark vermindert, denn in jedem Rohrbündel kommen mindestens zwei Reihen einander gleicher Rohre vor. Dazu kommt, daß die Rohre nur an einem Ende und nur im geringen Maße gekrümmt sind (Bild 29), so daß auch diese Rohre fast in ihrer ganzen Länge durchleuchtet werden können.

Die Babcock- und Hanomag-Kessel sind mit stärker gebogenen Siederohren ausgerüstet; es muß zugegeben werden, daß diese Rohre bei ihrer stärkeren Krümmung größere Elastizität haben und eine ungleichmäßige Wärmeausdehnung leichter kompensieren als gerade.

Bei Konstruktion und Aufbau der Kessel wurde auf leichte Zugänglichkeit aller Einzelteile großer Wert gelegt. Bei sämtlichen Erzeugnissen sind die Oberkessel und Unterkessel mit großen Mannlöchern versehen. Zur Besichtigung und Revision der Rohrsysteme kann der ganze ummauerte Raum durch Einsteigöffnungen bequem befahren werden. Dadurch ist das Ein- und Ausbringen der Siederohre sehr erleichtert. Man kann jedes einzelne Rohr auswechseln, ohne andere Rohre vorher zu entfernen oder gar das Mauerwerk zu beschädigen.

Bild 28. Kesseltrommel eines Dürr-Garbe-Steilrohrkessels mit eingepreßten Stufen.

c) Rußbläser. Ablagerungen von Flugasche und Ruß auf den Kesseltrommeln und Siederohren beeinträchtigen sehr stark den Wärmeübergang von den Heizgasen auf die Kesselflächen. Die Wärmeverluste sind so groß, daß sie den Gesamtwirkungsgrad des Kraftwerks empfindlich beeinflussen können. Daher ist es gerade bei Braunkohlenfeuerungen unumgänglich nötig, das Kesselinnere von Zeit zu Zeit gründlich zu reinigen. Andererseits wäre es unwirtschaftlich, die Kessel dabei jedesmal außer Betrieb zu setzen. Die Reinigung muß sich vielmehr periodisch und ohne Störung der Dampferzeugung durchführen lassen.

Diesen Forderungen entsprechen die im Kraftwerk verwendeten Spiral-Rußbläser, die durch Öffnungen im Kesselmauerwerk eingeführt und von außen gehandhabt werden. Das Blasen geschieht mit Druckluft, die für die beiden Kesselhäuser zentral im Speisewasserhaus erzeugt wird. Man entschied sich deshalb für den teueren Druckluftbetrieb, weil beim Ausblasen mit Dampf immerhin die Gefahr besteht, daß die Ablagerungen sich anfeuchten und verkrusten. Zugunsten der Druckluftanlage fiel ferner ins Gewicht, daß auch für andere Zwecke im Kraftwerk noch Druckluft benötigt wird. Die Druckluftanlage im Speisewasserhaus besteht aus einem liegenden

Einzylinder-Differentialkolben-Kompressor,

einem Druckluftbehälter und

einem Luftfilter,

durch das die angesaugte Luft vor Eintritt in den Kompressor gereinigt wird. Der Kompressor wird von einem Drehstrommotor mit Riemen angetrieben, seine Leistung beträgt 540 m³/h bei 190 Umdr/min und einem Kraftbedarf von 62 PS. Zwischen dem Austritt aus der Niederdruckstufe und dem Eintritt in die Hochdruckstufe wird die Luft durch einen Gegenstromkühler wieder auf Ansaugetemperatur gebracht. In der Hochdruckstufe wird sie dann auf 7 at Überdruck verdichtet und gelangt in den Druckluftbehälter von 11 m³ Inhalt. Der Kompressor ist mit einem selbsttätigen Umschaltventil ausgerüstet, das nach Erreichung eines einstellbaren Höchstdruckes (normal 7 at Überdruck) auf Leerlauf und beim Sinken des Druckes im Druckluftbehälter wieder auf Leistung schaltet. Jede Kesseleinheit ist durch ein Rohrsystem mit dem Druckluftbehälter verbunden.

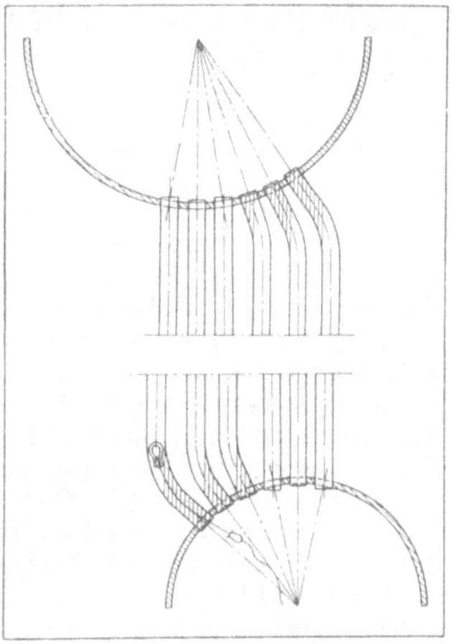

Bild 29. Anordnung der Siederohre beim Steinmüller-Kessel.

d) Überhitzer. Die Überhitzer liegen bei allen vier Kesselarten hinter dem ersten Feuergaszuge zwischen den Rohrsystemen des ersten und zweiten Oberkessels und werden daher von verhältnismäßig heißen Gasen bestrichen. Sie bestehen aus einer Anzahl nahtloser, schlangenförmig gebogener Stahlrohre, deren Enden in sogenannte Überhitzerkästen münden. Die Durchmesser der Überhitzerrohre sind bei den vier Bauarten verschieden:

Babcock . . .	30,5/38 mm	Steinmüller . .	22/28 mm
Hanomag . . .	37,5/47,5 mm	Dürr-Garbe . .	32/38 mm.

Bei den Babcock- und Dürr-Kesseln sind die Überhitzerschlangen von den Längsseiten her in den dafür vorgesehenen Raum hineingeschoben;

in den Babcock-Kesseln verlaufen sie in senkrechter, bei den Dürr-Kesseln in wagerechter Ebene. Um ein Durchbiegen der 4 bis 4,5 m langen Rohrschenkel zu vermeiden, hat man diese in Abständen von etwa 1,20 m auf Unterstützungen gelagert. Bei den Hanomag- und Steinmüller-Kesseln sind die Rohrschlangen von der Kesseldecke her in den Überhitzerraum eingehängt. Die Überhitzer sind alle leicht zugänglich, so daß die Auswechslung von Rohrschlangen bei Bedarf ohne Schwierigkeit vorgenommen werden kann.

e) Vorwärmer. Bevor das Kesselspeisewasser in den eigentlichen Kessel eintritt, wird es im Vorwärmer um etwa 70 bis 80° C erwärmt. Da die Vorwärmer den schon abgekühlten Rauchgasen kurz vor ihrem Austritt in den Schornstein die letzte Wärmestufe entziehen sollen, so ist ihr Platz an der Rückwand des Kessels unmittelbar vor der Mündung des Fuchskanals. Jeder Rauchgasvorwärmer hat eine Heizfläche von 416 m^2 und besteht aus einem System von 4 Gruppen gußeiserner Röhren, jede Gruppe aus acht Registern von je acht Röhren. Die Röhren haben einen Durchmesser von 97/117 mm und eine freie Länge von 4000 mm. Sie werden auf Spezialmaschinen an beiden Enden mit einem schwachen Konus versehen und ohne Dichtungsmaterial in die oberen und unteren Querkästen eingepreßt. Die Querrohre jedes Registers sind untereinander durch gußeiserne Sammelrohre verbunden, aber nicht, wie üblich, unmittelbar, sondern mit zwischengeschalteten Krümmern. Der Einbau der Krümmer gewährt eine genügende Elastizität zumAusgleich verschiedener Wärmeausdehnung und macht beim Montieren das Verspannen der Flanschverbindungen entbehrlich. Damit bei Auswechslung eines Registers die gemauerte Rückwand nicht beschädigt zu werden braucht, ist diese in etwa 1 m Höhe über den durchgeführten Sammelrohren durch Bogenmauerwerk oder I-Träger abgestützt. Die freibleibende Öffnung wird durch leichtes Mörtel- oder Lehmwerk verschlossen, das bei Bedarf bequem entfernt und erneuert werden kann. In der Wirkungsweise des Vorwärmers, wie des Kessels überhaupt finden wir das Gegenstromprinzip. Das Speisewasser tritt in die unteren Sammelrohre ein, erwärmt sich beim Aufsteigen in den Registern mehr und mehr und fließt durch die oberen Sammelrohre in den Kessel ab. Der Rauchgasstrom kommt von oben und strebt dem tiefliegenden Fuchsloch zu. In die Speisewasser-Eintritts- und Austrittsrohre sind Dehnungsstücke eingebaut. Eingeschlossene Luft und Dämpfe können durch Sicherheitsventile entweichen. Da die Vorwärmer sehr starker Verrußung ausgesetzt sind, so werden sie durch Rußschaber ständig gereinigt. Die Schaber spielen ununterbrochen an den Rohren auf und ab und pressen sich fest um die Rohrwände, ohne diese zu beschädigen.

f) Dampftemperaturregler. Schwankungen in der Dampftemperatur beeinträchtigen die Sicherheit und Wirtschaftlichkeit des Betriebes; sehr hoch überhitzter Dampf kann die Turbinen sogar ernstlich gefährden. Daher hat der Erbauer des Kraftwerks Fortuna der Reglung der Heißdampftemperatur besondere Aufmerksamkeit geschenkt. Die früher übliche Art, die Überhitzer mehr oder weniger aus dem Heizgasstrom auszuschalten, kam nicht in Frage, da sie sich sehr schlecht bewährt hat. Die in die Rauchgaszüge eingebauten Klappen und Schieber erlagen nach kurzer Zeit der Einwirkung der heißen Gase, klemmten sich fest oder verbrannten. Noch gefährlicher ist es, den zu hoch überhitzten Dampf durch Mischung mit Sattdampf abzukühlen. Bei diesem Verfahren kann es vorkommen, daß der Überhitzer zu wenig und bei fehlerhafter Ventilstellung überhaupt keinen Sattdampf erhält, so daß die Überhitzerrohre durchbrennen müssen. Man kann zwar die Temperatur in weiten Grenzen auch dadurch regeln, daß man einige Überhitzerschlangen hinzufügt oder fortnimmt oder den Rauchgaszug in der Überhitzerkammer verändert, doch muß für jeden Eingriff dieser Art der betreffende Kessel außer Betrieb gesetzt werden. Irgendwelchen Schwankungen in der Dampfentnahme oder in der Beschaffenheit der Kohle kann sich diese Reglung also nicht anpassen. Eine feinere Reglung der Heißdampftemperatur erfolgt am besten in der Weise, daß je nach Bedarf ein mehr oder weniger großer Teil des Heißdampfes durch eine Kühleinrichtung geleitet wird. Hierbei ist natürlich darauf zu achten, daß die bei der Kühlung entzogenen Wärmemengen nicht verloren gehen, sondern dem Kessel wieder zugeführt werden.

Diesen Forderungen entsprechen die im Kraftwerk Fortuna II eingebauten Heißdampfregler nach der Konstruktion von Babcock-Wilcox und Hanomag. Diese Apparate können als Einzelregler in jede Kesseleinheit eingebaut oder — in entsprechend größerer Bauart — als Zentralregler für eine ganze Kesselreihe aufgestellt werden. Einzelregler im Wasserraum jedes Kessels haben den Vorteil, daß die dem überhitzten Dampf entzogene Wärme der Dampferzeugung jedes Kessels unmittelbar wieder zugute kommt.

Nachteilig ist dabei, daß die Einstellung einer bestimmten Dampftemperatur die Handhabung sehr vieler Griffe erfordert. Der Zentralregler dagegen kann in der Nähe der Turbinen in die Hauptdampfleitung eingeschaltet und vom Stande des Turbinenwärters aus elektrisch gesteuert werden. Allerdings nimmt der Zentralregler bei seiner gesonderten Aufstellung einen ziemlich großen Raum ein. Die Betriebssicherheit ist bei den Einzelreglern wohl größer. Wird ein Zentralregler schadhaft, so fällt die ganze Heißdampfreglung fort, es sei denn, daß für jede Kesselreihe ein zweiter Zentralregler als Reserve zur Verfügung stände. Der Einbau von Reservereglern erhöht aber die Anlagekosten auf das Doppelte. Die vielen Einzelregler dagegen bilden unter sich eine ausreichende Reserve.

Man entschloß sich daher, zunächst die 14 Kessel des Kesselhauses I mit Einzelreglern auszurüsten. Im Kesselhaus II ist vorläufig noch keine Temperaturreglung vorgesehen, doch ist die Möglichkeit geschaffen, den Einbau der Einzelregler jederzeit ohne Schwierigkeit nachzuholen. Zu diesem Zweck sind an den hinteren Oberkesseln Stutzen angeordnet und zwischen den Dampfsammlern, Überhitzern und Kesseltrommeln die notwendigen Rohrverbindungen verlegt.

Der Babcock-Wilcox-Heißdampfregler (Bild 30) besteht aus einem Kühler und einem Drei-Wege-Mischventil.

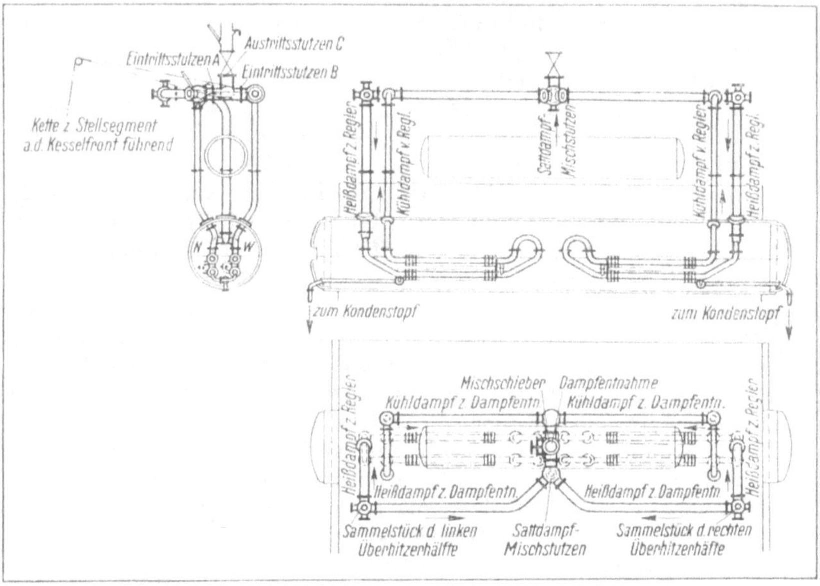

Bild 30. **Heißdampftemperatur-Regler von Babcock und Wilcox.**

Der aus dem Überhitzer austretende Dampf teilt sich in zwei Ströme. Der eine Teil wird durch den Kühler geleitet und dabei stark abgekühlt, der andere Teil tritt unmittelbar ins Mischventil ein. In der Mischkammer treffen beide Dampfstrahlen wieder zusammen und gleichen ihre Temperaturen gegeneinander aus. Das Mischventil beeinflußt die Querschnitte der unmittelbar vom Überhitzer kommenden und der vom Überhitzer durch den Kühler führenden Heißdampfleitung, so daß ein mehr oder weniger großer Teil des überhitzten Dampfes der Kühlung unterworfen werden kann. Ist a die Dampftemperatur beim Austritt aus dem Überhitzer, b die Betriebstemperatur ($= 375^0$ C), c der Temperaturabfall im Kühler, so ergibt sich das Verhältnis des Querschnitts q_k der Kühldampfleitung zum Gesamtquerschnitt Q ($= q_k + q_h$) aus folgender Gleichung:

$$\frac{q_k}{Q} = \frac{a-b}{c}.$$

Das Verhältnis des Querschnitts q_k der Kühldampfleitung zum Querschnitt q_h der Heißdampfleitung ist:

$$\frac{q_k}{q_h} = \frac{a-b}{c-(a-b)}.$$

Die Größen b und c sind Betriebskonstanten: das richtige Öffnungsverhältnis hängt daher ausschließlich von der Überhitzertemperatur a ab.

Am dritten Stutzen des Drei-Wege-Mischventils wird der geregelte Heißdampf entnommen. Die Reglung der Heißdampftemperatur wird

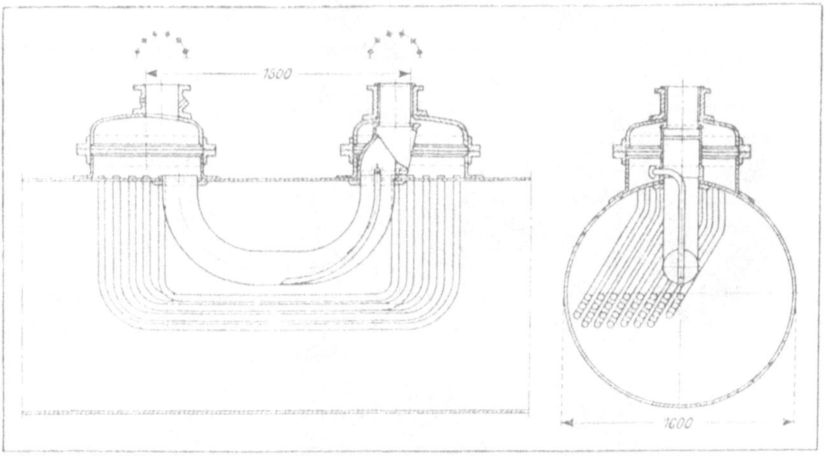

Bild 31. Heißdampftemperatur-Regler der Hanomag.

also einfach durch Drehen am Hebel des Mischventils bewirkt. Der im Wasserraum der hinteren Obertrommel untergebrachte Kühler besteht aus je 4 nahtlosen schmiedeeisernen Rippenrohren.

Bei dem Hanomag-Heißdampftemperatur-Regler sind Kühler und Mischventil in einem Apparat vereinigt (Bild 31).

Er besteht aus einem Rohrbündel, das in den Wasserraum der hinteren Obertrommel eintaucht, und einem großen, gebogenen Rohr, das im Dampfraum liegt. Je nach Einstellung einer Regelklappe muß der überhitzte Dampf das Rohrbündel, oder das Einzelrohr, oder mehr oder weniger beide durchströmen. Da die Wärmeabgabe der kühlenden Oberfläche und der spezifischen Wärme des Kühlmittels proportional ist, so tritt in den vielen engen, vom Wasser bespülten Rohren eine sehr intensive, in dem Einzelrohr dagegen eine kaum meßbare Kühlung ein. Zwei auf dem Oberkessel angebrachte Dome dienen zur Aufnahme der Regelapparate beim Eintritt und als Mischkammer beim Austritt des Dampfes.

Aus den Entnahmestutzen der Heißdampfregler tritt der Dampf mit einer Temperatur von 375° C bei einem Druck von 15,5 at in die Dampfleitungen ein.

g) Meßgeräte. Die zur Überwachung des Betriebes erforderlichen Meßgeräte sind an jeder Kesseleinheit auf einer Instrumententafel (Bild 32) vereinigt; es sind:

Bild 32. Instrumententafel eines Kessels.

1 Dampf-Manometer,
1 Thermometer zur Messung der Dampftemperatur hinter dem Überhitzer,
1 Thermometer zur Messung der Dampf temperatur an der Dampfentnahmehin ter dem Kessel,
1 Thermometer zur Messung der Rauchgas-Temperatur hinter dem Kessel,
1 Thermometer zur Messung der Rauchgas-Temperatur hinter dem Vorwärmer,
1 registrierender Fernzugmesser.

Der Kohlensäuregehalt der Rauchgase, der bekanntlich über die Güte der Verbrennung Aufschluß gibt, wird bei allen Kesseln durch CO_2-Messer überwacht.

Die Überwachung der Dampferzeugung geschieht außerdem für jedes Kesselhaus zentral vom Stande des Oberheizers aus. Auf einem Schaltpulte, das am nördlichen dem Maschinenhause zugekehrten Ende des Bedienungsganges steht, sind die wichtigsten Instrumente dazu vereinigt:

je 1 registrierendes Dampf-Manometer für jede Kesselreihe (angeschlossen an die Dampfverteilstation am Ende jeder Dampfsammelleitung),
je 1 Fernzugmesser (System Schulze) für jeden Schornsteinanschluß,

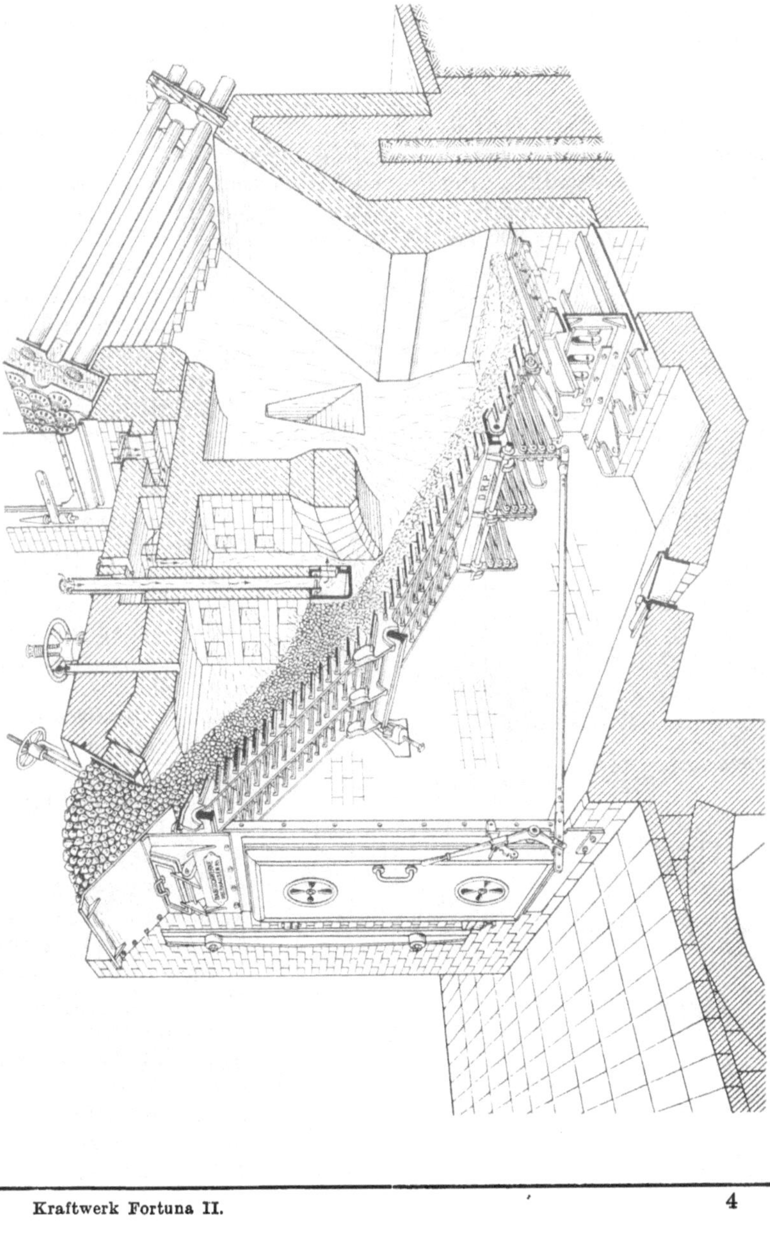

Bild 33. Halbgas-Treppenrostfeuerung von Babcock.

je 1 Einzelschalter zur Betätigung der Rauchgasschieber in den Schornsteinanschlüssen,

je 1 Gruppenschalter zum gleichzeitigen Betätigen der Rauchgasschieber einer ganzen Kesselreihe.

2. Die Feuerungen.

a) Größe und Anzahl der Roste. Nimmt man einen mittleren Heizwert der Braunkohle von 1800 WE/kg an, so müssen bei normaler Dampferzeugung stündlich 8700 kg und bei maximaler Dampferzeugung 11 450 kg Kohle unter jedem Kessel verbrannt werden. Bei einer zulässigen Rostbeanspruchung von 200 bis 250 kg entsprechen diese Kohlenmengen einer Rostfläche von etwa 44 m² je Kessel. Wie bereits erwähnt, ist diese große Rostfläche in 4 Rostbahnen unterteilt. Immerhin behielt jeder eine für diese Art von Feuerungen ungewöhnliche Größe. Es war daher zu erwarten, daß die Feuerungen nicht sogleich zu voller Zufriedenheit arbeiten würden, daß man sie vielmehr erst nach und nach zu einem zuverlässigen Betriebsmittel heranbilden müsse. Diese Erwartung hat sich durchaus bestätigt.

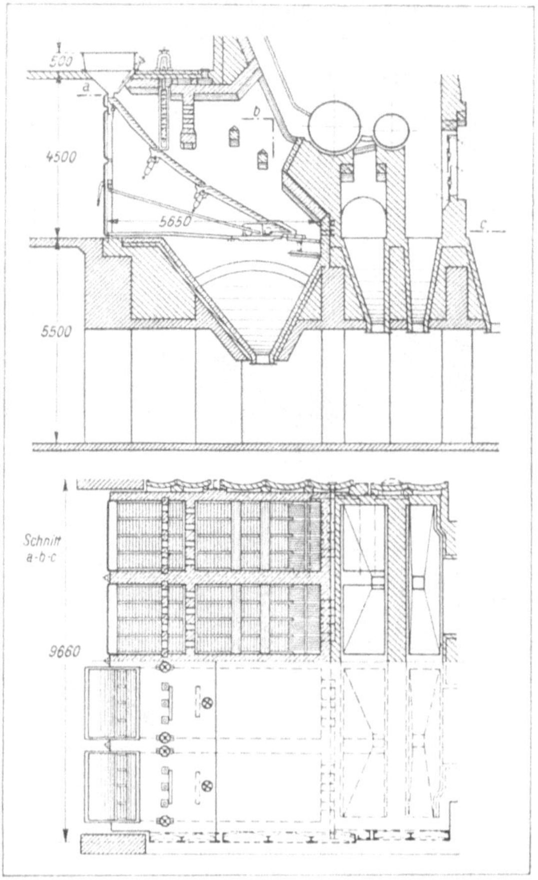

Bild 34. Halbgas-Treppenrostfeuerung von Keilmann & Völker.

b) Die Wahl der Systeme. Man wählte als Feuerungen die bekannten Halbgas-Treppenrost-Feuerungen, die sich im Rheinland gegenüber den Muldenrosten fast allgemein durchgesetzt haben. Diese Feuerung scheint sich der Eigenart der rheinischen Braunkohle am besten anpassen zu lassen. In unserem Falle — bei der Projektierung des Kraftwerks Fortuna II — fiel außerdem ins Gewicht, daß im alten Kraftwerk mit Treppenrostfeuerungen sehr gute Erfahrungen gemacht worden sind, und daß ein eingeschultes Heizerpersonal für Treppenroste bereits zur Verfügung stand. Um sich beim ersten Ausbau des Kraftwerks zunächst

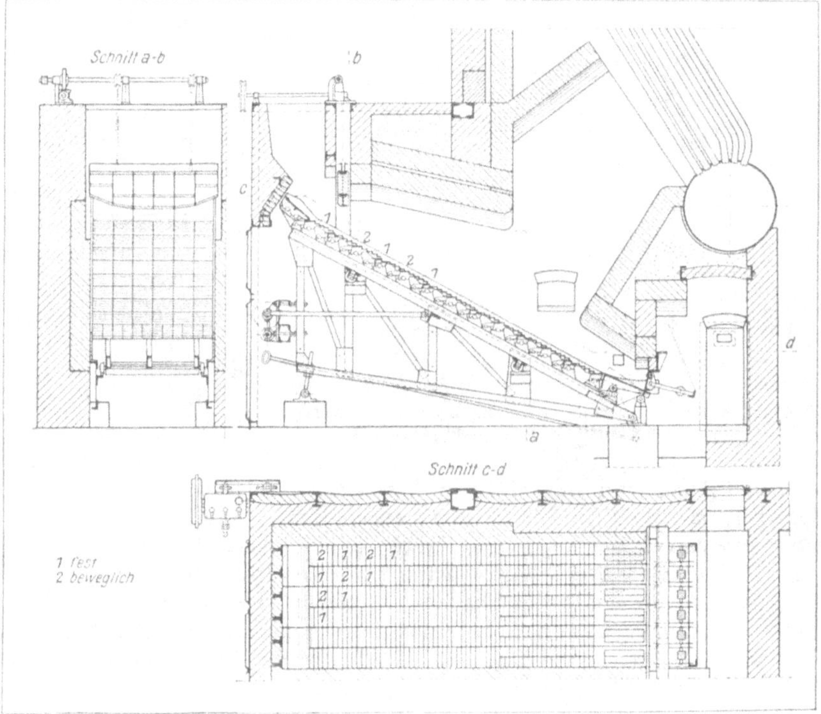

Bild 35. Mechanischer Vorschub-Treppenrost von Steinmüller.

ein Urteil über die am Markt befindlichen Konstruktionen bilden zu können, hat man nicht weniger als drei verschiedene Bauarten aufgestellt. Es sind:

7 Babcock-Halbgas-Treppenrostfeuerungen (Bild 33) unter 7 Babcockkesseln,

20 Keilmann- & Völcker-Halbgas-Treppenrostfeuerungen (Bild 34) unter 7 Hanomag-, 7 Dürr- und 6 Steinmüllerkesseln,

1 mechanischer Steinmüller-Vorschub-Treppenrost (Bild 35) als Versuchsfeuerung unter 1 Steinmüllerkessel.

Jeder Rost ist durch ein Fallrohr, die sog. Kohlenlutte an den Kohlenbunker (Abschnitt II D 6d) angeschlossen. Die Lutten münden in offene

Brennstofftrichter, aus denen die Kohle in die Schwelzone des oberen Rostes gleitet. Bis hierher stimmen alle Feuerungen überein.

c) Änderungen an den Feuerungen. In den Bildern 33—35 sind die Treppenroste so dargestellt, wie sie von den Erzeugern abgeliefert wurden. In diesem ursprünglichen Zustande litten die Feuerungen durchweg an folgenden Mängeln:

I. Herausschlagen der Flamme,
II. unvollkommener Verbrennung,
III. ungleichmäßigem Nachrutschen der Kohle.

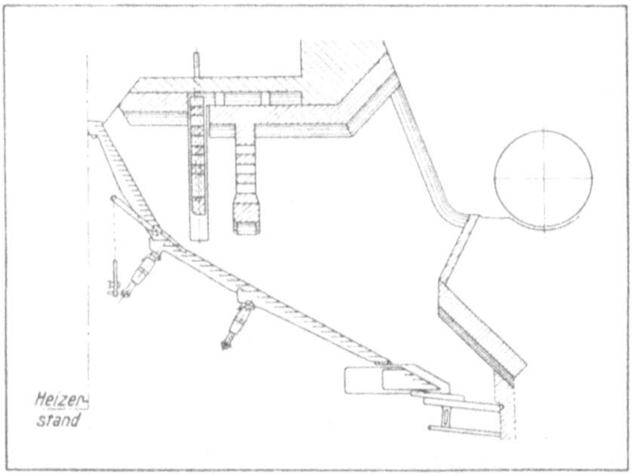

Bild 36. Keilmann & Völcker-Feuerung nach dem von der Leitung des Kraftwerkes vorgenommenen Umbau.

Wesentlich abgeändert wurden besonders die Keilmann- & Völcker-Feuerungen. Die Abänderungen wurden zum Teil nach eigenen Plänen und mit eigenem Personal, zum Teil von der Kölner Spezialfirma Wolf & Nettmann ausgeführt. Die betriebsfertigen Keilmann & Völcker-Feuerungen nach dem eigenen Umbau und nach dem Umbau von Wolf & Nettmann sind in den Bildern 36 und 37 dargestellt. Wie ersichtlich, haben die beiden Beteiligten verschiedene Wege eingeschlagen, die aber beide zu einem brauchbaren Ergebnis führten — ein Zeichen dafür, daß die Frage der Braunkohlenfeuerung noch keine endgültige Lösung gefunden hat.

Dem eigentlichen Umbau der Feuerungen gingen einige Versuche voraus, deren Ziel es war, die auftretenden Mängel I, II, III lediglich durch veränderte Luftzuführung zu beseitigen. Zunächst versuchte man es mit Druckluft, die von den Aschenbunkern her durch ein Düsenrohr in den Verbrennungsraum eingeführt wurde. Die Verbrennung war nun zwar sehr gut, doch begann nach kurzer Zeit das Geschränk der Feuerungen durch die ungewöhnlich hohe Verbrennungstemperatur Schaden zu nehmen. Man ließ daher von der Druckluft ab und leitete die Verbrennungsluft nun durch einen Kanal mit verstellbarer Regelklappe von unten her, statt wie sonst durch die Feuertür von vorne, in den Feuerraum ein; die Feuertüren blieben ständig geschlossen. Eine Verbesserung erreichte man auch hierdurch nicht. Die einzige Änderung, die eintrat, war, daß die Flamme nunmehr durch den Luftkanal in den Aschenkeller, statt wie vorher durch die Feuertüren in den Heizerstand hinausschlug. Man kam überhaupt zu dem Ergebnis, daß durch veränderte Luftzuführung keine dauernde Abhilfe zu erreichen war.

Es blieb daher nichts anderes übrig, als die Feuerungen selbst umzubauen. Betrachten wir zunächst die Änderungen, die die Leitung des Kraftwerks unter eigener Regie vornehmen ließ.

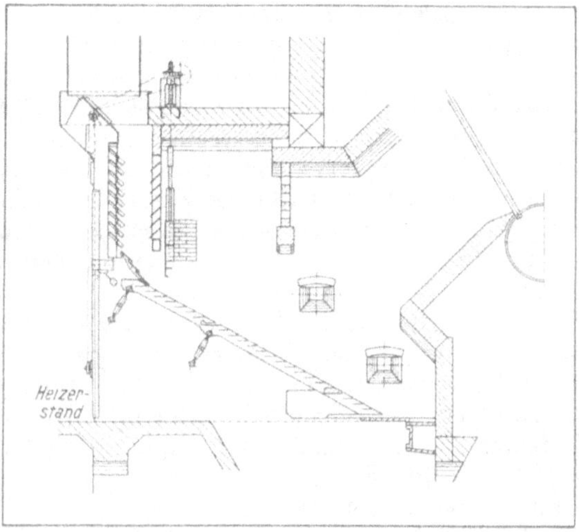

Bild 37. Keilmann & Völker-Feuerung nach dem Umbau von Wolf & Nettmann.

Der Umbau begann mit einem gewagten, aber erfolgreichen Eingriff: mit der Verringerung der Rostneigung. Gleichzeitig wurde der Schrägrost weiter herausgerückt und der Planrost verlängert. Man erreichte dadurch tatsächlich, daß das Herausschlagen der Flamme bei vorsichtiger Änderung des Zuges wesentlich nachließ. Auch der Prozentsatz des Unverbrannten in der Asche war nun viel geringer; er betrug nur noch etwa 24 % gegenüber 72 % in den nichtumgebauten Feuerungen. Der dritte Übelstand, das ungleichmäßige Nachrutschen der Kohle, war damit leider noch nicht beseitigt. Die Beschaffenheit der Kohle wechselt oft von Stunde zu Stunde. Andererseits erfordert aber jede Korngröße eine bestimmte Schichthöhe. Zur Verstellung der Schichthöhe dienten in den alten Feuerungen sehr schwer bedienbare Wehre, die wegen ihres großen Gewichtes nicht jedesmal betätigt werden konnten. Man kam nun auf den Gedanken, die Schichthöhe nicht durch ein von oben in den Kohlenstrom eingesenktes Wehr, sondern durch einen von unten her hemmenden Schieber zu regeln. Diese Schieber liegen in der Trockenzone am Ende des oberen Rostes und sind um eine feste Achse drehbar. Sie können, wenn nötig — bei Schwankungen der Belastung — in jedem Augenblick ohne großen Kraftaufwand so verstellt werden, daß sie das plötzliche Nachstürzen der Kohle verhindern. Die ursprünglichen Kohlenwehre sind nunmehr ganz überflüssig, da sich die Schichthöhe bei einer Korngröße bis zu 70 mm einfach durch die Schieber regeln läßt.

Nach diesen Veränderungen der Roste blieb die Kesselleistung nicht nur erhalten, sie überstieg sogar die garantierte um mehr als 5 kg/m² Kesselheizfläche, wobei der Zug noch um ein Drittel vermindert werden konnte. Der Kohlensäuregehalt der Rauchgase stieg auf 14 %.

Die Arbeiten von Wolf & Nettmann betrafen vorwiegend den Vorvergasungsschacht, also den obersten und kühlsten Teil des Rostes. Dieser Schacht war bei den ursprünglichen Keilmann & Völker-Feuerungen nach vorne durch einen steilen, aber immerhin geneigten Schachtrost, nach hinten durch Mauerwerk abgeschlossen. Wolf & Nettmann ersetzten ihn durch einen senkrechten Vortrocknungs-Schacht, der nach vorne und nach hinten mit Stufenplatten abgegrenzt ist. Die Neigung dieser Stufenplatten kann je nach der Beschaffenheit der Kohle verändert werden. Durch den Einbau des senkrechten Schachtes ist die Keilmann & Völcker-Feuerung im großen Ganzen der Originalfeuerung von Wolf & Nettmann angeglichen.

Die Reglung des Kohlenstroms geschieht in der umgebauten Feuerung nach wie vor durch ein im Feuerraum angebrachtes Wehr. Die Anordnung des Wehres nach Keilmann & Völcker wurde grundsätzlich beibehalten, im einzelnen aber wesentlich verändert. Das umgebaute Kohlenwehr ist bedeutend leichter und daher bequemer zu handhaben; trotzdem ist es feuerbeständig. Es wird vom Heizerstande aus durch ein Handrad mit Ketten-Übertragung betätigt.

Das ungleichmäßige Nachrutschen der Kohle, das Auftreten von Überschüttungen und andere Störungen in der Kohlenzufuhr wurden bei allen Feuerungen unabhängig von dem Umbau der Roste durch ein ganz einfaches Mittel behoben. Man erkannte nämlich die eigentliche Ursache dieser Störungen in dem übermäßigen hohen Druck, den die im Fallrohr gehaltene Kohlensäule auf die Roste ausübt. Daher wurden in die Kohlenlutten Ablenkbleche eingeschaltet, die den größten Teil des Kohlendrucks auffangen und dadurch die Roste entlasten.

Das Ergebnis dieser experimentellen Eingriffe ist, daß alle Feuerungen sich nunmehr in längerem Betriebe bewährt haben und daß die anfänglichen Störungen heute gänzlich abgestellt sind. Die Erfahrung hat ferner gezeigt, daß Roste von solchen ungewöhnlichen Abmessungen von dem Bedienungspersonal noch ohne Überanstrengung gehandhabt werden können.

d) Die Schürvorrichtungen. Zum Schüren und Lockern der Brennstoffschicht ist bei der Konstruktion von Keilmann & Völcker der untere Teil des Rostes als Schürwagen ausgebildet, der durch Gestänge und Hebel vom Heizerstand aus betätigt werden kann. Dieser Schürwagen dient gleichzeitig der periodischen Entschlackung des Rostes. Durch das Einfahren des Wagens wird der Kohlenstrom unterbrochen, und das Nachstürzen der Schicht verhindert, so daß der Schlackenrost gezogen werden kann.

Die Babcock-Feuerungen haben eine andere Schürvorrichtung. Die Rostplatten des unteren Rostteiles sind beweglich mit nach unten zu nehmendem Vorschub und können durch einen einfachen Hebelantrieb betätigt werden. Hierdurch wird die Brennstoffschicht geschürt und gelockert und der Unterteil des Rostes von Asche und Schlacke freigehalten.

Die mechanische Versuchsfeuerung von Steinmüller ist eine ganz neue Konstruktion, deren Eignung für den Kraftwerksbetrieb erst erprobt werden muß. Der Steinmüller-Vorschub-Treppenrost ist schachbrettartig unterteilt. Eine Hälfte der Rostfläche, etwa die den schwarzen Feldern des Schachbretts entsprechenden Rostelemente, ist feststehend. Die anderen können in wagerechter Ebene vorwärts und rückwärts bewegt werden. Die Geschwindigkeit der Bewegung ist in weiten Grenzen veränderlich, so daß sich der Vorschub des Brennstoffes dem jeweiligen Abbrand genau anpassen läßt. Durch das dauernde Arbeiten der Rostplatten wird die Kohle aufgelockert und dadurch in gleichmäßiger, vollkommener Verbrennung gehalten. Als Rostabschluß hat die Steinmüller-Feuerung einen Schlackenrost mit verbesserter Feuerbrücke, eine bei Braunkohlen-Feuerungen neuartige Anordnung.

e) Projekt einer Kohlenstaubfeuerung. In diesem Zusammenhange sei darauf hingewiesen, daß die Leitung des Rheinischen Elektrizitätswerks mit dem Gedanken umgeht, den Wirkungsgrad des Kraftwerks durch die Anlage zusätzlicher Kohlenstaubfeuerungen zu verbessern. Die Anwendung der Kohlenstaubfeuerung im Kraftwerksbetriebe ist auf dreierlei Arten möglich.

Man beabsichtigt erstens, die unter den Rosten angesammelte Asche in der Staubfeuerung einer nochmaligen Verbrennung zu unterwerfen, um die noch darin enthaltenen brennbaren Bestandteile restlos zur Wärmeerzeugung heranzuziehen. Bei einem nicht zu kleinen Prozentsatz von Unverbranntem eignet sich die Asche hierfür sehr gut; sie kommt pulvertrocken und zum größten Teil sehr feinkörnig aus dem Betriebe, bringt also von vornherein zwei unerläßliche Eigenschaften mit, die anderen Ausgangsstoffen für die Staubkohlenfeuerung erst künstlich beigebracht werden müssen. Nachdem es nunmehr allerdings gelungen ist, den Prozentsatz unverbrannter Kohle in der Asche auf ein ganz geringes Maß herabzudrücken, scheint die Anlage einer derartigen Zweistufen- oder Differentialfeuerung überflüssig zu werden. Es wäre zu ermitteln, bei welchem Prozentsatz an Unverbranntem eine Kohlenstaubfeuerung noch wirtschaftlich ist. Läßt sich durch laufende Analysen nachweisen, daß diese Grenze im Dauerbetriebe wesentlich überschritten wird, so kann man unbedingt zur Anschaffung einer Sekundärfeuerung raten.

Zweitens will man versuchen, die ganze Kesselanlage oder einen Teil davon mit reinen Zusatzfeuerungen für frische staubförmige Braunkohle auszurüsten. Diese neben den betriebsmäßigen Treppenrostfeuerungen bestehenden Hilfsfeuerungen werden nur beim Eintreten von Belastungsspitzen in Betrieb genommen und sollen eine zeitweilige, aber schnelle und intensive Steigerung der Dampferzeugung ermöglichen. Für eine derartige plötzliche Forcierung der Kesselleistung eignen sich Kohlenstaubfeuerungen sehr gut, da ihre Inbetriebsetzung in der angegebenen Kombination nur wenige Minuten in Anspruch nimmt.

Schließlich ist es sehr wahrscheinlich, daß man sich bei einer Erweiterung des Kraftwerks oder bei notwendiger Erneuerung der Treppenroste für die Anlage reiner Kohlenstaubfeuerungen entschließt. Es versteht sich wohl von selbst, daß die ganze feuerungstechnische Gestaltung des Kraftwerks von vornherein wesentlich anders ausgefallen wäre, wenn zur Zeit der Projektierung (1919 bis 1920) die Technik der Staubfeuerung in Deutschland schon soweit fortgeschritten gewesen wäre, wie heute.

f) Fuchskanäle und Schornsteine. Die Zufuhr der Verbrennungsluft in die Feuerungen geschieht lediglich durch die natürliche Zugwirkung der Schornsteine. Aus dem Grundriß der Kesselhäuser (Bild 20, Tafel nach S. 64) und aus den Kesselquerschnitten (Bild 22—25) geht die Anordnung der Fuchskanäle und die Rauchgas-Führung zu den Schornsteinen hervor. Die Heizgase jedes Kessels durchstreichen unter mehrfacher Richtungsänderung die Kesselzüge, ziehen senkrecht von oben nach unten an den Vorwärmerrohren entlang und treten dann seitlich in den Hauptfuchskanal ein. Der Fuchskanal ist mit Absicht nicht, wie üblich, unmittelbar unter den Vorwärmern hinweggeführt, sondern seitlich daran vorbei. Bei dieser Anordnung ist es unmöglich, daß beim Befahren einer außer Betrieb stehenden Kesseleinheit der Arbeiter in den Bereich der Rauchgase gerät und dabei verunglückt. Der Boden der Fuchskanäle setzt sich aus trichterförmigen Aschenbunkern zusammen, in die sich die Flugasche niederschlagen kann.

Je sieben Kessel sind an einen Schornstein angeschlossen. Der einzelne Schornstein vor Kesselhaus I ist mit der Ostseite des Kesselhauses I verbunden. Die zwischen den Kesselhäusern errichteten Schornsteine gehören zu je drei Kesseln der Westseite des einen und zu je vier Kesseln der Ostseite des anderen Kesselhauses und umgekehrt. Jeder Schornstein hat vom Flur des Aschenkellers aus eine Höhe von 116 m, einen unteren lichten Durchmesser von 6 und einen oberen lichten Durchmesser von 5 m. Auf einem Betonfundament von 18 m unterem Durchmesser und 3,5 m Tiefe ist ein 20 m hoher achteckiger Sockel aus hart gebrannten Ziegelsteinen aufgeführt. Darauf erhebt sich die 96 m hohe Schornsteinsäule. Die Außenflächen sind mit roten Verblendsteinen verkleidet und sauber ausgefugt. Von der Sohle der Fuchsmündungen an hat jeder Schornstein ein 40 m hohes Isolierfutter aus feuer- und wetterfesten Hartbrandsteinen. Zur Führung der Rauchgase haben die Schornsteine, an die zwei Fuchskanäle angeschlossen sind

(Nr. 2, 3, 4, 5 später 6, 7, 8, 9), eine 15 m hohe Zunge erhalten (Bild 19, Tafel nach S. 64). Außerdem ist jeder Schornstein mit den üblichen äußeren und inneren Steigeisen und mit einer Blitzableiter-Anlage ausgerüstet. In die Rauchgaswege zwischen Kessel und Schornstein sind ferner zwei Arten von Apparaten eingeschaltet: Rauchgasschieber und Flugaschenfänger.

g) Rauchgasschieber. Zur Reglung der Luftzufuhr (des Schornsteinzuges) ist der Querschnitt jeder Fuchsmündung durch einen General-Jalousie-Rauchgasschieber (von Gentrup u. Petry) verstellbar (Bild 38). Bei Fuchsanschlüssen von drei oder vier Kesseln sind Jalousieschieber für eine volle Öffnung von $3{,}02 \times 3{,}35\,m = 10{,}12\,m^2$, bei sieben Kesseln für $3{,}02 \times 7{,}5\,m = 22{,}65\,m^2$ bemessen. Jeder Schieber besteht aus einer Anzahl von Stäben aus feuerbeständigem Guß, die mit seitlichen Zapfen in einem Profileisenrahmen hängen und sich darin frei ausdehnen können. Das Gewicht der Jalousiestangen wird durch Gegengewichte ausgeglichen, so daß bei der Verstellung nur die rollende Reibung überwunden werden muß. Sämtliche Rauchgasschieber jedes Kesselhauses können vom Schaltpult des Oberheizers aus elektrisch gesteuert werden (Abschnitt C 1g). Die elektrische Einstellvorrichtung besteht aus einem umsteuerbaren Kleinmotor und einem Schneckenantrieb. Schnecke und Schneckenrad übertragen die Drehbewegung durch eine Gewindespindel auf die Schieberzugstange. Schnecke, Schneckenrad und Spindel sind in einem gußeisernen Gehäuse staubdicht gelagert und durch eine verstellbare Reibungskupplung verbunden. Die Reibungskupplung verhindert das Durchbrennen des Motors, wenn er bei Endstellung des Schiebers noch nicht abgeschaltet ist. Unabhängig vom elektrischen Antrieb kann jeder Rauchgasschieber

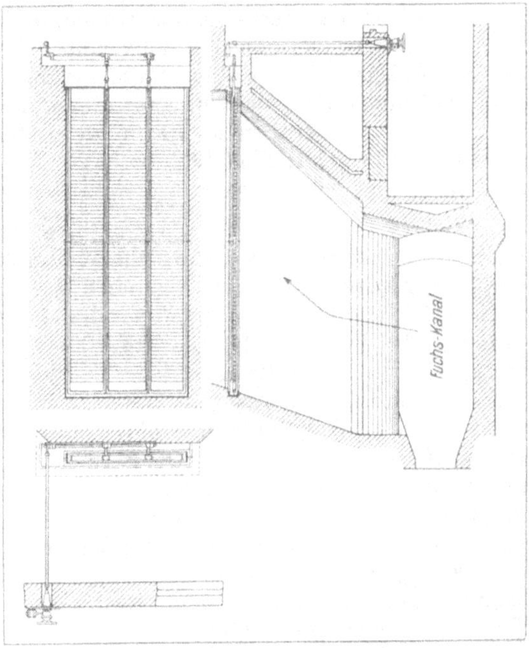

Bild 38. Jalousie-Rauchgasschieber.

bestehenden Hilfsfeuerungen werden nur beim Eintreten von Belastungsspitzen in Betrieb genommen und sollen eine zeitweilige, aber schnelle und intensive Steigerung der Dampferzeugung ermöglichen. Für eine derartige plötzliche Forcierung der Kesselleistung eignen sich Kohlenstaubfeuerungen sehr gut, da ihre Inbetriebsetzung in der angegebenen Kombination nur wenige Minuten in Anspruch nimmt.

Schließlich ist es sehr wahrscheinlich, daß man sich bei einer Erweiterung des Kraftwerks oder bei notwendiger Erneuerung der Treppenroste für die Anlage reiner Kohlenstaubfeuerungen entschließt. Es versteht sich wohl von selbst, daß die ganze feuerungstechnische Gestaltung des Kraftwerks von vornherein wesentlich anders ausgefallen wäre, wenn zur Zeit der Projektierung (1919 bis 1920) die Technik der Staubfeuerung in Deutschland schon soweit fortgeschritten gewesen wäre, wie heute.

f) Fuchskanäle und Schornsteine. Die Zufuhr der Verbrennungsluft in die Feuerungen geschieht lediglich durch die natürliche Zugwirkung der Schornsteine. Aus dem Grundriß der Kesselhäuser (Bild 20, Tafel nach S. 64) und aus den Kesselquerschnitten (Bild 22—25) geht die Anordnung der Fuchskanäle und die Rauchgas-Führung zu den Schornsteinen hervor. Die Heizgase jedes Kessels durchstreichen unter mehrfacher Richtungsänderung die Kesselzüge, ziehen senkrecht von oben nach unten an den Vorwärmerrohren entlang und treten dann seitlich in den Hauptfuchskanal ein. Der Fuchskanal ist mit Absicht nicht, wie üblich, unmittelbar unter den Vorwärmern hinweggeführt, sondern seitlich daran vorbei. Bei dieser Anordnung ist es unmöglich, daß beim Befahren einer außer Betrieb stehenden Kesseleinheit der Arbeiter in den Bereich der Rauchgase gerät und dabei verunglückt. Der Boden der Fuchskanäle setzt sich aus trichterförmigen Aschenbunkern zusammen, in die sich die Flugasche niederschlagen kann.

Je sieben Kessel sind an einen Schornstein angeschlossen. Der einzelne Schornstein vor Kesselhaus I ist mit der Ostseite des Kesselhauses I verbunden. Die zwischen den Kesselhäusern errichteten Schornsteine gehören zu je drei Kesseln der Westseite des einen und zu je vier Kesseln der Ostseite des anderen Kesselhauses und umgekehrt. Jeder Schornstein hat vom Flur des Aschenkellers aus eine Höhe von 116 m, einen unteren lichten Durchmesser von 6 und einen oberen lichten Durchmesser von 5 m. Auf einem Betonfundament von 18 m unterem Durchmesser und 3,5 m Tiefe ist ein 20 m hoher achteckiger Sockel aus hart gebrannten Ziegelsteinen aufgeführt. Darauf erhebt sich die 96 m hohe Schornsteinsäule. Die Außenflächen sind mit roten Verblendsteinen verkleidet und sauber ausgefugt. Von der Sohle der Fuchsmündungen an hat jeder Schornstein ein 40 m hohes Isolierfutter aus feuer- und wetterfesten Hartbrandsteinen. Zur Führung der Rauchgase haben die Schornsteine, an die zwei Fuchskanäle angeschlossen sind keit des Flözes und seine Tiefenlage schwanken in weiten Grenzen. Besonders günstig sind die Abbauverhältnisse nur auf verhältnismäßig kleinen Gebieten. Unter diesen ist das Kölner Revier das wichtigste. Es dehnt sich im Westen der Stadt Köln in einer Länge von etwa 35 km über den Rücken des sogenannten Vorgebirges. Die Breite dieses bevorzugten Flözes

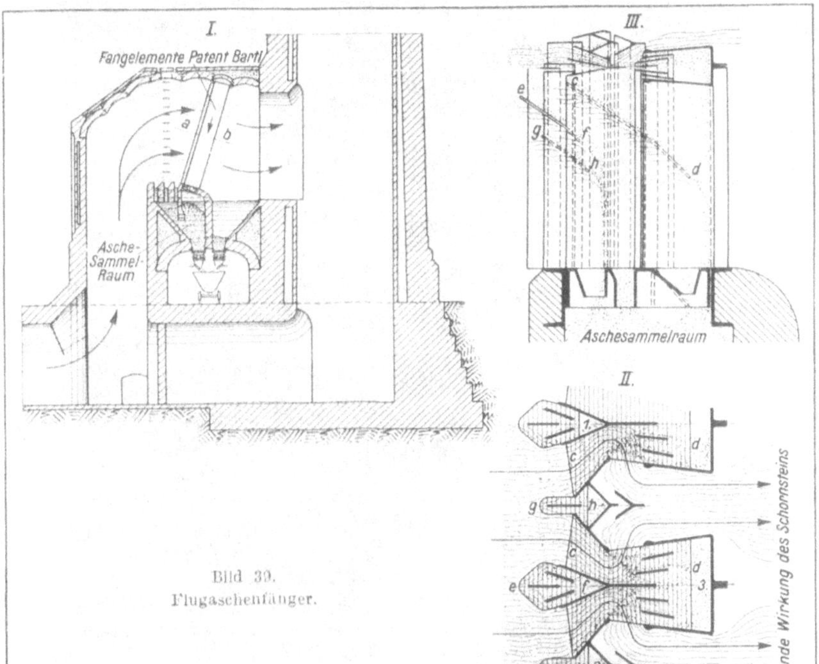

Bild 39.
Flugaschenfänger.

schwankt zwischen 1 und 7 km. Das Deckgebirge ist hier durchweg nur 12 bis 35 m stark, während das Kohlenflöz stellenweise die außerordentliche Mächtigkeit von 100 m erreicht; die durchschnittliche Mächtigkeit liegt bei 50 m. Das Verhältnis von Deckschicht und Kohlenflöz ist fast konstant gleich 1:3. Wegen des geringen Abraums wird die Kohle ausschließlich im Tagebau gewonnen. Für den bergmännischen Abbau ist es besonders förderlich, daß die rheinische Braunkohle überall in ungestörter, nahezu wagerechter Lagerung ansteht. Die natürlichen Voraussetzungen für einen wirtschaftlichen Bergbaubetrieb sind daher im rheini-

Bild 40. Die Grube Fortuna, im Hintergrund das Kraftwerk.

Bild 41. Abraumbagger.

schen Braunkohlenrevier ungewöhnlich günstig. Dies gilt in erhöhtem Maße von der Grube Fortuna. Sie ist eine der wenigen Gruben, in denen das Kohlenflöz in einer Mächtigkeit von fast 100 m abgebaut werden kann (Bild 40).

b) Die Zusammensetzung der Braunkohle. Die Braunkohle der Grube Fortuna hat im Mittel folgende Zusammensetzung:

Kohlenstoff	26,23 %
Wasserstoff	1,94 „
Schwefel	0,09 „
Sauerstoff	10,30 „
Wasser	59,81 „
Asche	1,63 „

Ihr Heizwert beträgt etwa 2037 WE/kg.

2. Die Bagger.

Die Braunkohle wird in heutiger Zeit fast nur noch mit mechanischen Abbaumitteln gewonnen. Die mühsame Arbeit des Hauers haben die elektrisch angetriebenen Baggermaschinen übernommen. Bevor der Kohlenbagger (Hoch- oder Tiefbagger) angreifen kann, wird durch besondere Abraumbagger (Bild 41) in Verbindung mit einer Abraumbahn das Deckgebirge abgetragen und dadurch jedesmal ein weiteres Stück des Flözes, ein sog. Kohlenstoß, freigelegt.

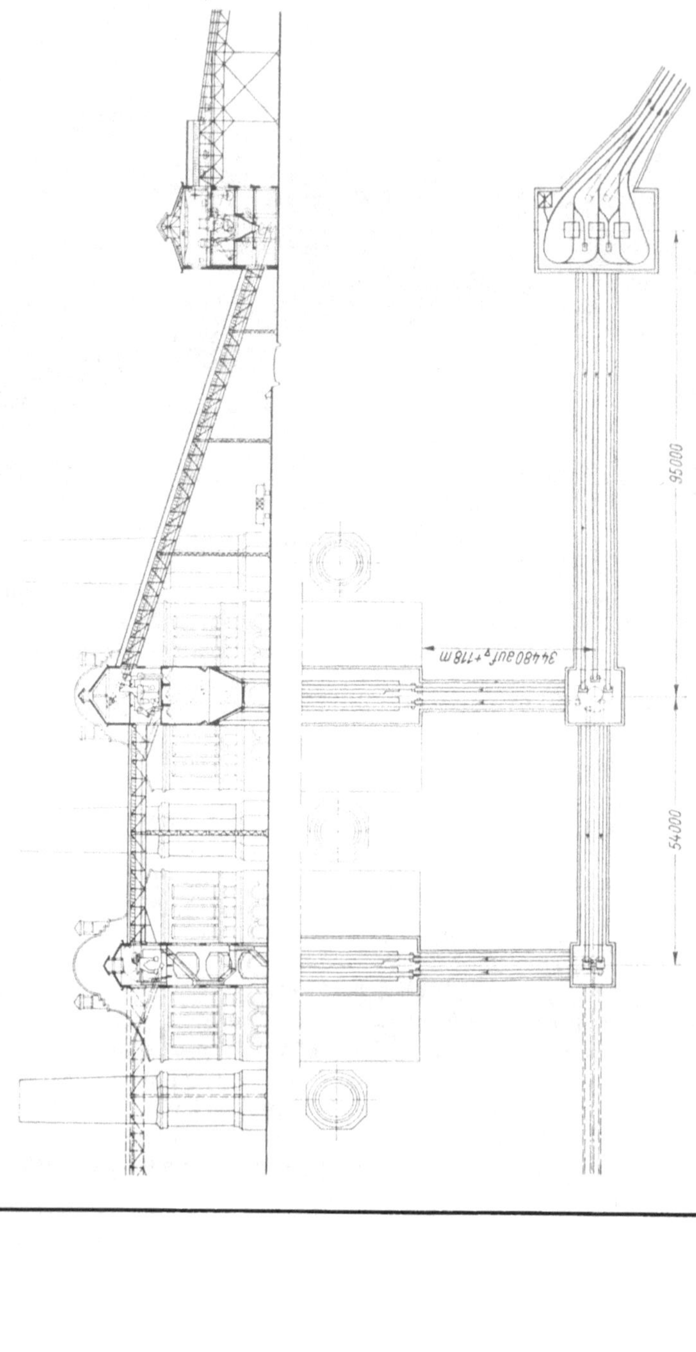

Bild 42. Schnitt durch die ganze Bekohlungsanlage.

Bild 43. Die Hauptkettenbahn.

Die Eimer des Kohlenbaggers entleeren sich in einen sogenannten Füllrumpf, der durch eine besondere Abfüllvorrichtung jedesmal eine bestimmte, abgegrenzte Menge Kohle in die darunter gefahrenen Förderwagen fallen läßt.

3. Die Kettenbahnen.

Die Förderwagen werden durch mehrere, auf der Grubensohle liegende wagerechte Nebenkettenbahnen der Hauptkettenbahn zugeführt. Die Hauptkettenbahn verläuft in einer schiefen Ebene von der Grubensohle in das Brecherhaus des Kraftwerks (Bild 43 und 44).

Die Stahlketten der Nebenkettenbahnen werden durch Elektromotoren von je 40 kW in Umlauf gehalten. Die Kettenantriebe liegen in einem Gebäude aus Eisenfachwerk auf der Grubensohle; sie bestehen aus Kettengreiferscheiben mit auswechselbaren und nachstellbaren Kettengreifern aus Stahlguß und sind durch Riemen- und Zahnradvorgelege an die Antriebsmotoren angeschlossen. Die das Antriebsgebäude verlassenden Leerketten werden durch einen senkrechten, mit Wasser gefüllten Spannschacht geführt; dieser senkrechte Trog hat den Zweck, die Kette zur Erleichterung des Längenausgleichs zugfrei zu machen und sie gleichzeitig zu reinigen. Unmittelbar hinter dem Spannschacht liegt die Spannstation,

Bild 44. Die Anlage der ganzen Bekohlungsanlage.

in der die Verlängerungen oder Verkürzungen der Kette durch fahrbare Umlenkböcke ausgeglichen werden.

Kurz vor dem Antriebsgebäude werden die Ketten hochgeführt und dadurch aus den Gabeln der Förderwagen herausgehoben. Die Förderwagen rollen vermöge der ihnen innewohnenden Geschwindigkeit und durch natürliches Gefälle unter die Kette der Hauptbahn.

Die beiden Hauptkettenbahnen schleppen mit einer Geschwindigkeit von 1,25 m/s. Die Bahnebene hat eine Neigung von 10 % gegenüber der Wagerechten, ihr letztes Stück vor dem Brecherhaus ist als schmiedeeiserne Brücke ausgebildet. Die Antriebsmotoren der Hauptkettenbahn stehen im zweiten Obergeschoß des Brecherhauses; jede Kettenbahn hat einen Motor von 55 kW mit Riemen- und Kegelradvorgelege. Die stündliche Maximalleistung jeder Hauptkettenbahn beträgt bei einem Wagenabstand von 10 m etwa 250000 kg, so daß gegenwärtig stündlich 500 t gefördert werden können.

4. Das Brecherhaus.

Die von der Grube kommende Kettenbahn mündet im sogenannten Brecherhaus (Bild 45), das von dem Gebäudekomplex des Kraftwerks getrennt auf der anderen Seite der Fortunastraße liegt. Kurz vor dem Eintritt ins Brecherhaus werden die Ketten hochgeführt; die gelösten Förderwagen rollen nun mit natürlichem Gefälle drei mechanischen Doppelwippern zu. Die Geschwindigkeit der Wagen kann bei Bedarf durch eine Wagenbremse vermindert werden. Die Förderwagen werden in den Wippern selbsttätig entleert, rollen danach mit natürlichem Gefälle unter die Leerketten und werden von diesen in die Grube zurückgeführt. Zwischen den drei Doppelwippern liegen zwei

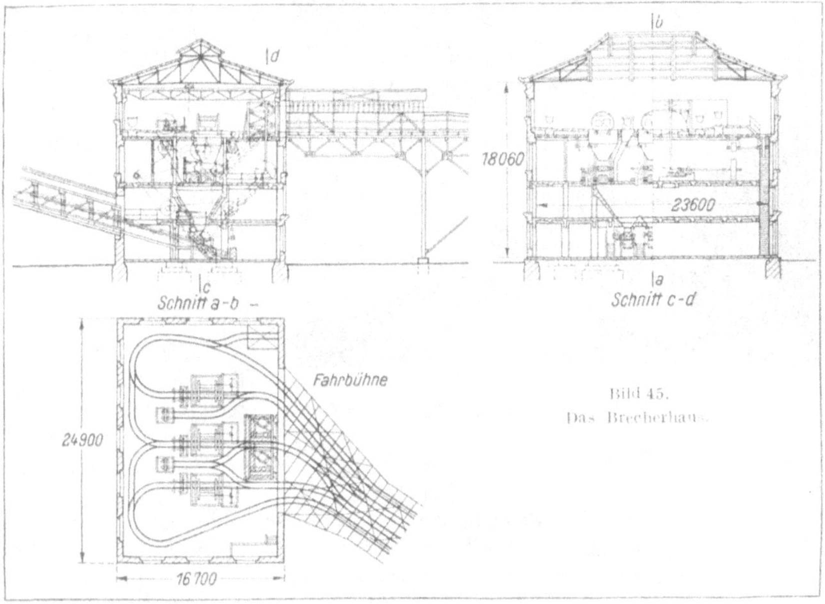

Bild 45.
Das Brecherhaus.

Schmierwipper, in denen die zurückfahrenden leeren Wagen geschmiert und gereinigt werden können.

Die aus den Förderwagen gestürzte Kohle gelangt durch schmiedeeiserne Ausgleichbunker auf drei geriffelte Zuführungswalzen und wird von diesen in gleichmäßigem Strome den drei darunterliegenden Stachelwalzwerken zugeführt. Die zerkleinerte Kohle fällt in einen gemeinsamen Sammelbunker. Der Auslauf des Sammelbunkers mündet auf drei Paare von Zuführungswalzen, durch welche die Kohle auf drei Transportbänder verteilt wird. Die drei Brecherwalzwerke werden durch Drehstrommotoren von je 37 kW, die Zuführungswalzen durch einen gemeinsamen Motor von 7 kW angetrieben. Sämtliche Antriebsmotoren stehen auf dem zweiten Obergeschoß des Brecherhauses.

Zur Erleichterung des Gütertransportes bei der Auswechslung und Montage von Anlageteilen ist im Innern des Brecherhauses ein Lastaufzug, ein Laufkran und eine Laufkatze eingebaut.

5. Die Verteiltürme.

Das Brecherhaus steht mit dem Verteilturm I durch eine schräge Brücke aus Eisenfachwerk in Verbindung. In dieser Brücke wird die Braunkohle durch drei steigende Förderbänder auf den obersten Flur des Verteilturmes I gehoben (Bild 46). Die Förderbänder sind 80 cm breit und bewegen sich mit einer Geschwindigkeit von 1,2 m/s. Vom Verteilturm I aus wird die Kohle nach drei verschiedenen Richtungen verteilt:

1. zum Kesselhaus I,
2. zum Verteilturm II,
3. zu den Bunkern des Verteilturmes I.

Bild 46. Förderband vom Brecherhaus zum Verteilturm I.

Die Verteilung geschieht durch einen wagerechten Verteilteller (Bild 48) von 7 m Durchmesser, der mit 8 Umdr/min umläuft. Die vom Brecherhause kommenden Transportbänder stürzen die Kohle gleichmäßig über die Tellerbreite. Über den Förderbändern zum Kesselhaus I und zum Verteilturm II sowie über dem Fülltrichter des Bunkers liegen Abstreifer, die nach Bedarf durch kleine Winden in die Kohlenschicht eingesenkt werden können. Der Bunker des Verteilturmes wird durch untergeschobene Eisenbahnwagen entleert.

Der im Verteilturm I angelegte Kohlenbunker hat eine sehr wichtige Aufgabe. Falls einmal die vom Verteilturm I ausgehenden Förderbänder aus irgendeinem Grunde plötzlich stillstehen, nimmt der Bunker die vom Brecherhause zuströmenden Kohlenmengen auf, die sonst im Verteilturme große Überschüttungen und Verstopfungen verursachen würden.

Die drei Förderbänder vom Brecherhaus zum Verteilturm und der Verteilteller werden gemeinsam durch einen Motor von 51 kW angetrieben. Mit diesem in derselben Motorkammer steht ein gleich großer Motor als Reserve. Jedes der drei Förderbänder sowie der Teller ist durch Reibungskupplung an den Antrieb angeschlossen und einzeln ausrückbar.

Vom Teller des Verteilturms I gelangt ein Teil der Kohle durch eine weitere Fachwerkbrücke in den Verteilturm II. Die beiden Förderbänder sind 70 cm breit und werden durch 11 kW starke Motoren angetrieben. Zum Ausgleich der Längsdehnung, welche die Bänder durch natürlichen

Verschleiß oder durch Wärme erleiden können, dienen zwei bewegliche Spannwagen. Vom Verteilturm II aus wandert gegenwärtig alle zugeführte Kohle ins Kesselhaus II. Nach der Errichtung eines dritten Kesselhauses wird außerdem ein Teil der Kohle durch Förderbänder an den zugehörigen Verteilturm III weitergegeben. Einen eigenen Kohlenbunker hat der

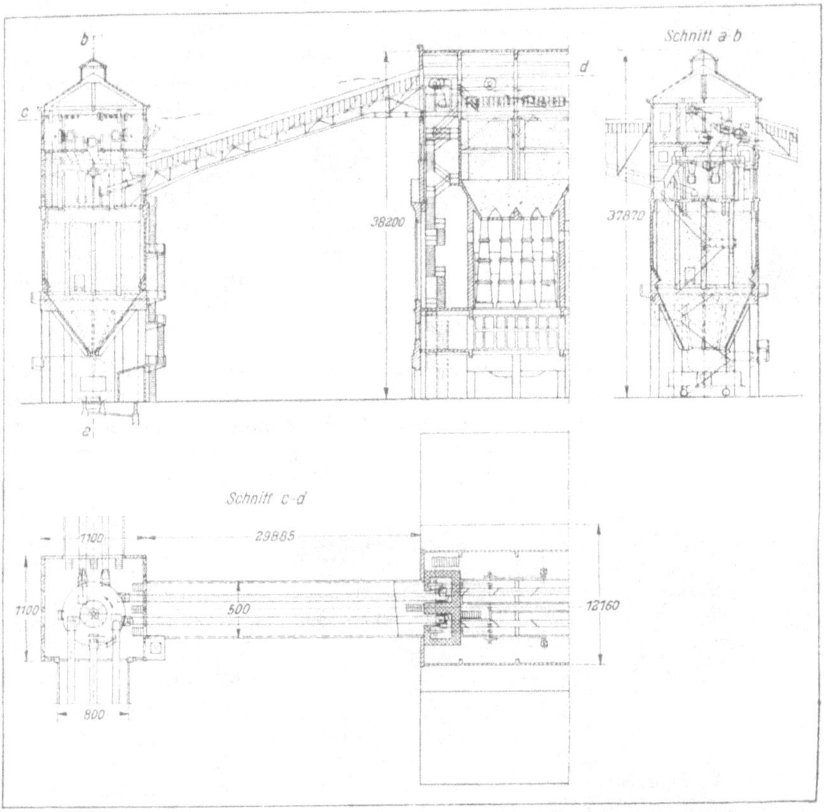

Bild 47. Verteilturm I.

Verteilturm II nicht. Man durfte daher von der Anlage eines Verteiltellers absehen. Die Verteilung erfolgt vielmehr durch Schurren; die auf den Förderbändern herangeförderte Kohle kann durch Umstellklappen gleichzeitig auf die beiden zum Kesselhaus II führenden Bänder und — später — auf das zum Verteilturm III führende Band geleitet werden.

6. Die Förderanlage in den Kesselhäusern.

a) Die Zuführungsbänder. Von den Verteiltürmen aus wird die Kohle durch zwei steigende Förderbänder (Bild 49) in die Kesselhäuser eingeführt. Die Zuführungsbänder jedes Kesselhauses werden durch einen gemeinsamen Motor von 22 kW angetrieben. Der Antriebsmotor steht im Kesselhaus; auf der Turmseite ist ein gleich großer Motor als Reserve aufgestellt. Die Förderbänder sind durch Reibungskupplungen einzeln ausrückbar.

Bild 48. Verteilteller im Verteilturm I.

b) Die Verteilbänder. In den Kesselhäusern geht die Kohle von den Zuführungsbändern auf die gleich großen Verteilbänder über. Auch diese Bänder sind mit Spannwagen ausgerüstet. Sie verlaufen parallel zur Achse des Kesselhauses von Giebel zu Giebel (Bild 50) und haben die Aufgabe, die darunter liegenden Hauptkohlenbunker gleichmäßig zu beschicken. Für die Gleichmäßigkeit der Füllung sorgen zahlreiche Bandabstreifer, die nacheinander in gleichen Zeitabständen und gleichen Wegabständen auf die Förderbänder abgesenkt werden.

Bild 49. Förderbänder vom Verteilturm.

c) Die Bunker. Innerhalb der Kesselhäuser wird die Braunkohle in zwei reichlich bemessenen Bunkern aus Eisenbeton gesammelt. Diese Bunker liegen im Dachgeschoß jedes Kesselhauses und durchziehen das Gebäude in

Bild 50. Förderbänder im Kesselhaus.

seiner ganzen Länge. Sie werden nach Möglichkeit ständig gefüllt gehalten, damit bei plötzlichem Versagen der Bekohlungsanlage der Kesselbetrieb noch längere Zeit ungestört bleibt. Ein Querschnitt durch die Bunker ist in Bild 42 wiedergegeben.

d) Die Kohlenlutten. Die Verbindung zwischen den Kohlenbunkern und den Feuerungen wird durch Kohlenfallrohre, die sog. Lutten, hergestellt. Jede Rostbahn wird durch eine eigene Lutte gespeist; zu jedem Kessel gehören mithin vier Lutten, zu einem ganzen Kesselhause 56. Die zahlreichen Lutten treten auf dem Durchblick durch den Mittelgang des Kesselhauses (Bild 21) und in dem Längsschnitt (Bild 17, Tafel nach S. 32) deutlich hervor. Sie sind vierteilig aus einzelnen Stücken zusammengesetzt, die sich von unten nach oben pyramidenförmig verengen (Bild 52). Ihre volle Höhe ist 8,7 m. Die einzelnen Schüsse bestehen aus 6 mm starken, schmiedeeisernen Blechen, die mit enger Teilung staubdicht vernietet sind. Jeder Schuß hat eine 15 × 20 cm große verschließbare Öffnung, durch die man etwa auftretende Stauungen beseitigen kann. Der Querschnitt der Lutten nimmt von oben nach unten zu. Am Einlauf beträgt ihre lichte Weite 60 × 80 cm, am Auslauf 70 × 140 cm. Unmittelbar unter dem Einlauf ist ein Absperrschieber eingeschaltet, durch den der Zufluß der Kohle aus dem Bunker unterbrochen werden kann. Der Schieber wird vom Bedienungsgang aus durch ein Haspelrad mit Handkette betätigt. Die Kohlenlutten münden ohne Verschluß in die Kohlentrichter der Feuerungen.

7. Die Messung des Kohlenverbrauchs.

Der Kohlenverbrauch jedes Kesselhauses wird durch selbsttätige Bandwagen fortlaufend gemessen und registriert. Diese Bandwagen liegen

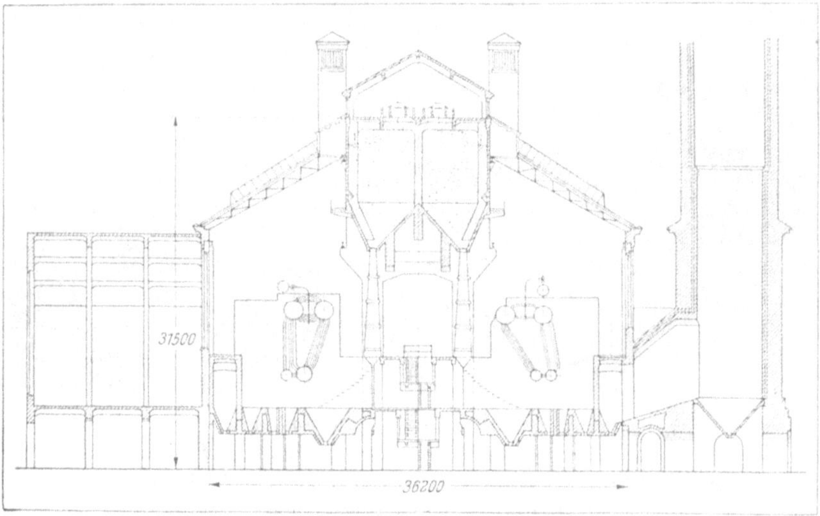

Bild 51. Schnitt durch ein Kesselhaus.

in den Förderbändern zwischen Verteilturm und Kesselhaus; die Messung erfolgt vollkommen selbsttätig und ohne Verzögerung des Förderbetriebs.

Zur gelegentlichen Bestimmung des Kohlenverbrauchs jedes einzelnen Kessels, z. B. bei Leistungsversuchen, dienen fahrbare Kohlenwagen (System Chronos, Bild 53). Die Kohlenwagen werden an die Stelle des untersten Luttenteiles unmittelbar vor den Kohlentrichtern derFeuerungen eingeschaltet. Zu diesem Zwecke ist der unterste Schuß jeder Lutte mit dem darauffolgenden an einer Kante durch starke Scharniere verbunden und kann nach Lösung der Flanschenverschraubung seitlich hochgeklappt werden. Die Wirkungsweise der Chronoswage beruht darauf, daß ein Wiegebehälter eine Zeitlang den Kohlenstrom in sich aufnimmt, um sich bei einer bestimmten Füllung zu entleeren. Die Anzahl der Entleerungen wird durch ein Zählwerk registriert und ergibt mit dem konstanten kritischen Füllungsgewicht vervielfacht das Gewicht der durchgelaufenen Kohlenmenge.

E. Die Entaschungsanlage.

1. Überblick.

Die Braunkohle der Grube Fortuna enthält etwa 1,9 % unbrennbare Bestandteile. Im Betriebe ist der Prozentsatz der anfallenden Asche etwas höher, da immer ein kleiner Teil der Kohle unverbrannt oder unvollkommen verbrannt mit durch die Roststäbe fällt. Man rechnet daher mit einem Rückstand von 3,2 bis 5 % der zugeführten Kohle. Das macht für die beiden Kesselhäuser im Durchschnitt täglich etwa 200 t.

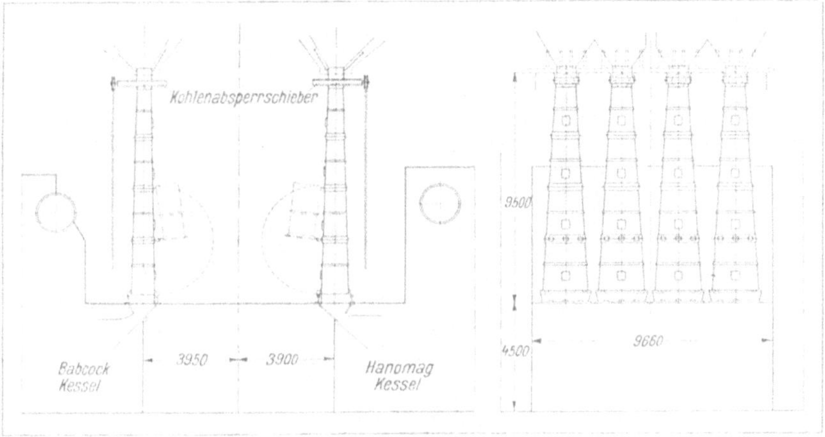

Bild 52. Die Kohlenlutten.

Die Entfernung der Verbrennungsrückstände ist eine der schwierigsten Aufgaben bei der Projektierung eines Dampfkraftwerkes. Ihre hohe Temperatur und ihre nicht homogene, bald stückige, bald staubförmige Zusammensetzung machen sie zu einem Transportgut, dessen Behandlung und Bewältigung im Verhältnis viel mehr Arbeit erfordert, als irgendwelche anderen Verrichtungen.

Die beiden Forderungen, die an eine Entaschungsanlage gestellt werden müssen, nämlich, daß sie einerseits möglich selbsttätig arbeiten, andererseits aber auch vollkommen betriebssicher und reinlich sein soll, lassen sich gleichzeitig nicht leicht erfüllen. Die selbsttätigen Entaschungsanlagen haben zwar vor der Entaschung mit Handbetrieb und Kippwagen große Vorteile, werden aber andererseits noch vielfach als nicht genügend betriebssicher angesehen.

Dies gilt insbesondere von der pneumatischen Entaschung. Sie zeichnet sich durch Reinlichkeit aus und erfordert nur wenig Bedienungspersonal. Sie fördert die Asche so heiß sie anfällt. (Bei der Entaschung durch Kippwagen muß die Asche sogleich an Ort und Stelle durch Berieselung mit Wasser gelöscht werden, wobei sich übelriechende Dämpfe entwickeln, und oft genug kleine Explosionen entstehen können.) Auf der anderen Seite befürchtet man bei pneumatischen Entaschungsanlagen Verstopfungen in den Sammelrohren, allzu schnellen Verschleiß der Rohre und Luftpumpen und Versagen der ganzen Einrichtung bei Anfall größerer Schlacken, also Störungen, die den Betrieb des ganzen Werkes ernstlich

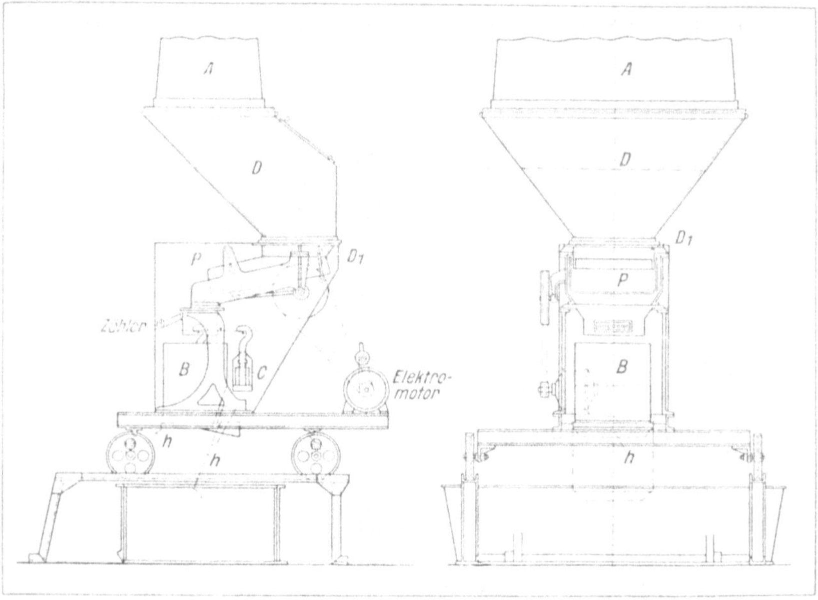

Bild 53. Fahrbare Kohlenwage.

gefährden können. Ähnliche Befürchtungen veranlaßten vor wenigen Jahren die Erbauer eines Braunkohlen-Großkraftwerks in Mitteldeutschland, ihr im übrigen mustergültiges Kraftwerk zugunsten der Betriebssicherheit mit einer primitiven Handentaschung auszurüsten.

Beim Bau des Kraftwerks Fortuna waren die Verhältnisse für das pneumatische System günstiger. Es standen bereits bei der Projektierung des neuen Werks langjährige Erfahrungen über den pneumatischen Betrieb zur Verfügung. Schon der im Jahre 1911 begonnene erste Ausbau des Kraftwerks I erhielt eine pneumatische Entaschungsanlage, die erste Einrichtung dieser Art in Deutschland. Diese noch unbeholfenen Anfänge der pneumatischen Förderung hat das Rheinische Elektrizitätswerk in jahrelanger Arbeit zu einer für das Kraftwerk brauchbaren Einrichtung herangebildet. Die anfangs unvollkommene Anlage wurde nach und nach im einzelnen und im ganzen wesentlich verbessert. Auf Grund dieser schöpferischen Erfahrungen durfte man die pneumatische Förderung ohne Bedenken auch im neuen Kraftwerk anwenden.

2. Entwicklungsgeschichte der pneumatischen Entaschung im Kraftwerk I.

Der erste Ausbau des Kraftwerks Fortuna I (1911, 10 Schrägrohrkessel) wurde mit einer pneumatischen Entaschungsanlage der Firma Hartmann, Offenbach a. M., ausgerüstet. Bei dieser ersten Anlage waren die Förderleitungen und ihre Abzweige in offenen Fußbodenkanälen auf der Sohle des Aschenkellers verlegt (Bild 54 u. 55). Senkrecht unter den Ausläufen der Aschenbunker hatten die Förderleitungen trichterförmige Öffnungen. In diese Trichter wurde die Asche unter Zwischenschaltung eines fahrbaren Behälters aus den an der Decke befindlichen Bunkerverschlüssen abgelassen (Bild 56). Eine etwa 100 m lange Sammelleitung führte vom Kesselhaus an der Grubenböschung entlang zu einer Sammelkesselstation, die am Rande eines abgebauten Teiles der Grube Fortuna erbaut war (Bild 57). Eine Kolbenluftpumpe mit vorgeschaltetem Naßfilter erzeugte in vier Sammelbehältern das notwendige Vakuum; die Sammelbehälter konnten in daruntergeschobene Kipploren entleert werden. Im Betrieb stellte es sich heraus, daß die Entleerung der Aschentrichter durch einen transportablen Zwischenbehälter wegen allzu starker Staubaufwirbelung nicht geeignet war. Beim zweiten Ausbau des Kessel-

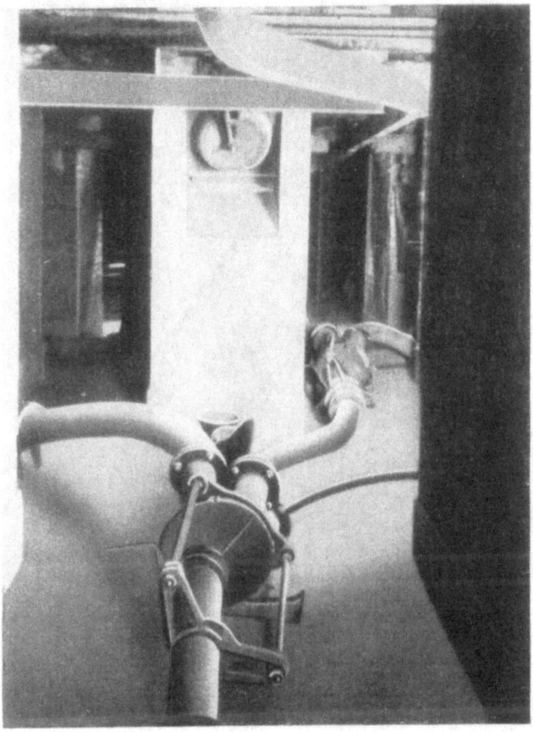

Bild 54. Saugleitungen der alten Entaschungsanlage im Kraftwerk I.

hauses (1913) wurden daher die Absaugetöpfe unmittelbar an die Ausläufe der Aschenbunker angeschlossen (Bild 58). Auch die alte Anlage wurde entsprechend geändert, indem man die Förderleitungen nunmehr hochlegte. Die Sammelbehälter wurden ersetzt durch ein Standrohr mit Rührwerk, in dem die angesaugte Asche mit Wasser vermischt und niedergeschlagen wurde. Das untere Ende des Standrohres tauchte in ein Wasserbad, aus dem ein Elevator die festeren Stücke in Kipploren beförderte, während das Schlammwasser in ein Klärbecken floß. Der abgesetzte Schlamm wurde mit einem fahrbaren Bagger herausgeholt und ebenfalls in Kipploren verladen.

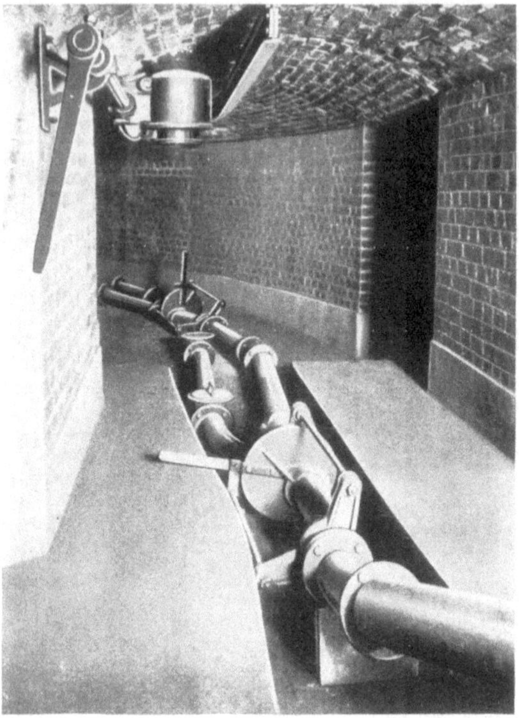

Bild 55. Saugleitungen der alten Entaschungsanlage im Kraftwerk I.

Das in den Jahren 1917/18 erbaute zweite Kesselhaus (dritter Ausbau des Kraftwerks I) wurde gleichfalls mit pneumatischer Entaschung ausgerüstet, und zwar mit einer Anlage nach der Bauart der Siemens-Schuckertwerke (Bild 59). Asche und Schlacke werden in zwei Sammelbehälter abgesaugt, die wechselweise in Betrieb sind und in den Wassertrog eines Kratzbandes entleert werden.

3. Die Entaschungsanlage des Kraftwerks II.

a) Die Aschen- und Schlackenbunker. Den Kreislauf der Kohle haben wir vom Tagebau bis in die Feuerungen verfolgt (Abschnitt III C 2 und III D). Nach der Umsetzung der latenten Energie in Wärme entweicht der größte Teil ihrer Masse mit dem abgehenden Teil des Kreislaufs der Verbrennungsluft als Kohlensäure ins Freie. Nur ein kleiner Teil verläßt die Feuerung in festem Zustande. Bei der

Fortunakohle sind zwei Arten von Verbrennungsrückständen zu unterscheiden: unter den Feuerungsrosten sammelt sich die schwerere, zuweilen stückige Schlacke, während sich meist unter den Kesselzügen, unter den Vorwärmern und in den Fuchskanälen als leichteres Pulver die Asche niederschlägt. Asche und Schlacke werden in trichterförmigen Bunkern aufgefangen. Unter jeder Kesseleinheit sind in zwei gleichen, parallelen, zur Kesselhausachse senkrechten Reihen angeordnet:

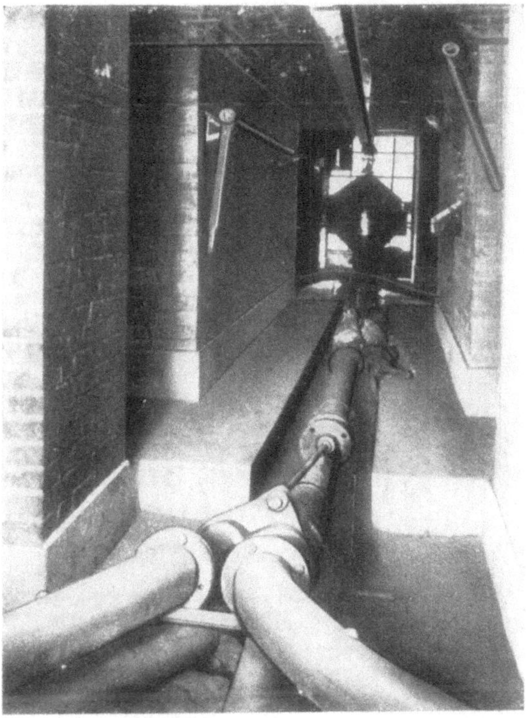

Bild 56. Saugleitungen der alten Entaschungsanlage im Kraftwerk I.

je ein großer Schlackenbunker unter den Rosten,

je ein kleinerer Aschenbunker unter dem eigentlichen Kessel,

je ein kleinerer Aschenbunker unter dem Vorwärmer,

je ein kleinerer Aschenbunker im Boden des Fuchskanals.

Zu jeder Kesseleinheit gehören also zwei Schlackenbunker und sechs Aschenbunker. Je ein weiterer Aschenbunker fängt die in den Schornsteinen ausgeschiedene Flugasche auf. Die Anordnung der Aschen- und Schlackenbunker geht aus Bild 60 deutlich hervor.

Die Bunker sind so groß bemessen, daß sie die anfallende Asche und Schlacke eines ganzen Tages aufnehmen können. An die Mündungen der Aschenbunker sind die Köpfe der Saugleitungen durch eiserne Aufnehmer angeschlossen (Bild 61 und 62). Die Schlackenbunker sind zu je zweien zusammengefaßt (Bild 63). Soll die Asche und Schlacke abgefördert werden, so werden die Aufnehmer durch Öffnen eines Schiebers der Saugwirkung freigegeben. Die Entaschung eines Kesselhauses nimmt täglich etwa sechs Stunden in Anspruch.

b) Die Saugleitungen. Die Führung der Saugleitungen ist in Bild 60 übersichtlich dargestellt. Die Schlackenbunker jeder Kesselreihe sind unmittelbar an eine große Schlacken-Sammelleitung angeschlossen, die parallel zur Achse des Kesselhauses liegt. Zu jeder Kesselreihe gehören ferner zwei Aschen - Sammelleitungen; die eine ist für vier, die andere für die restlichen drei Kesseleinheiten jeder Kesselreihe bestimmt. Die einzelnen Aschenbunker sind durch Querleitungen an die Sammelleitung angeschlossen. In das Entaschungsgebäude münden demnach von jedem Kesselhause aus zwei Schlackenleitungen und vier Aschenleitungen, zusammen zwölf Leitungen.

Bild 57. Sammelkesselstation der alten Entaschungsanlage. (Kraftwerk I.)

c) Das Entaschungsgebäude und seine Einrichtungen. Die maschinellen Einrichtungen der Entaschungsanlage sind im sogenannten Entaschungsgebäude zusammengefaßt. Die Lage dieses Gebäudes am Südende zwischen den beiden Kesselhäusern war einerseits bestimmt durch die Nähe der Kippstelle (am Rande des Tagebaues) und andererseits durch das Streben, alle immerhin staubaufwirbelnden Arbeitsvorgänge, wie Bekohlung und Entaschung, auf eine Seite der Kraftwerksanlage zu beschränken. Das Gebäude ist in Bild 64 und 65 (Tafeln nach S. 80) in Grundriß und Schnitten dargestellt. Die aus dem Kesselhause eingeführten Saugleitungen münden in vier große Sammelkessel ein. Das Vakuum dieser Sammelkessel wird erzeugt durch sechs umlaufende Wasserringluftpumpen, die von Drehstrommotoren mit direkter Kupplung angetrieben werden (Bild 66). Um eine Verschmutzung der Pumpen zu verhüten, hat man in die Verbindungsleitungen zwischen Pumpen und Sammelbehältern sechs Naßschutzkessel eingeschaltet, in denen die mitgerissenen Ascheteilchen unter ständigem Zufluß von Wasser abgefiltert und als Schlamm niedergeschlagen werden (Bild 67). Der Ablauf der Naßschutzkessel führt in eine Kläranlage, bestehend aus zwei Gruppen von je sieben Becken. Aus dem letzten Becken dieser Anlage wird das geklärte Wasser durch Schleuderpumpen als Betriebswasser in die Luftpumpen und Naßschutzkessel zurückgefördert; das Wasser arbeitet also im Kreislauf.

Bild 58. Verbesserte Bunkerverschlüsse. (Kraftwerk I.)

Aus den Sammelkesseln wird die Asche auf zwei Kratzbänder abgelassen, die aus einem wagerecht und einem schräg nach aufwärts verlaufenden Teile bestehen. In ihrem unteren, wagerechten Teil tauchen die Kratzbänder in einen Wassertrog, worin die Asche zur Vermeidung von Staubwirbeln oberflächlich angefeuchtet wird. Der schräge Teil des Bandes fördert die Asche auf die Höhe, die zum Austrag in Spezialwagen (Selbstentlader) nötig ist. Sollen an Stelle der Spezialwagen Kipploren verwendet werden, so wird die Asche durch Umlegen der Austragrutsche in einen Auffangbunker entleert und dann in die untergeschobenen Loren abgelassen. Die Kratzbänder werden durch Drehstrommotoren mit Vorgelege angetrieben.

d) Die Verwendung der Asche. Gegenwärtig wird der größte Teil der Asche zur Auffüllung abgebauter Teile in den Tagebau gekippt. Es wird aber mit der Möglichkeit gerechnet, die Asche industriell zu verwerten. Abgesehen von einem wechselnden Gehalt an brennbaren Teilen (20 bis 40 %) hat die Asche im Durchschnitt folgende Zusammensetzung:

Gebrannter Kalk (CaO)	55,50 %
Eisenoxyd	17,32 „
Magnesia	10,62 „
Schwefligsäure-Anhydrid (SO_2) . .	6,99 „
Tonerde	5,23 „
Alkalien	2,41 „
Kieselsäure	1,93 „

Ihrem Eisengehalte nach käme sie wohl gar als Eisenerz in Betracht leider wird ihre Brauchbarkeit als solches durch den großen Schwefelreich-

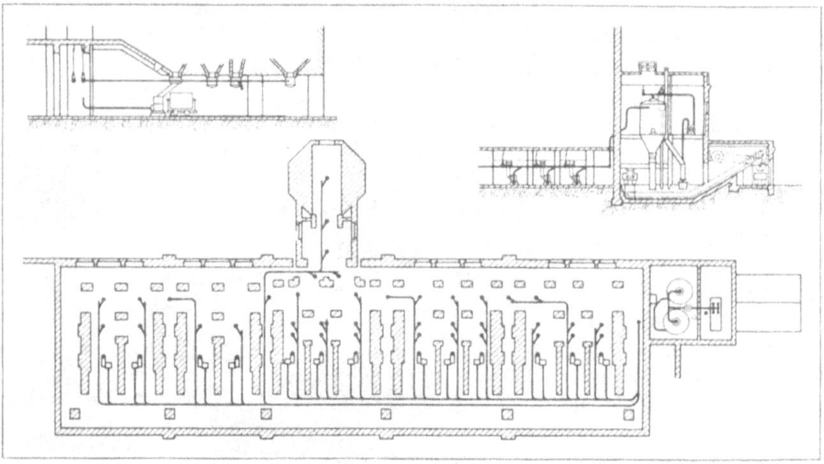

Bild 59. Entaschungsanlage im Kesselhaus II des alten Kraftwerks.

tum stark beeinträchtigt. Weit eher eignet sie sich wegen ihres hohen Kalkgehaltes als Zusatzmittel für die Herstellung von Kunststeinen und vielleicht auch als Ausgangsprodukt für die Zementfabrikation. Es versteht sich von selbst, daß für diese Verwendungsgebiete nur trockene, ungelöschte Asche in Frage kommt. Es ist daher ein besonderer Vorteil der pneumatischen Entaschung gegenüber anderen Systemen, daß die geförderte Asche ohne Schwierigkeit auch in trockenem Zustande verladen werden kann.

F. Die Speisewasseranlage.

1. Überblick.

Das Kesselspeisewasser arbeitet im Kreislauf. Der aus der Turbine austretende Abdampf wird in den Kondensatoren durch Abkühlung verdichtet und als Kondensat in die Speisewasserleitungen zurückgeführt. Diesem Kreislaufe werden aber bei jedem Umlauf kleine Wassermengen durch Undichtigkeiten entzogen (z. B. durch Brüdendämpfe an den Turbinen). Zur Nachfüllung und Ergänzung des umlaufenden Speisewassers braucht man daher fortlaufend geeignetes Zusatzwasser. Die Herstellung

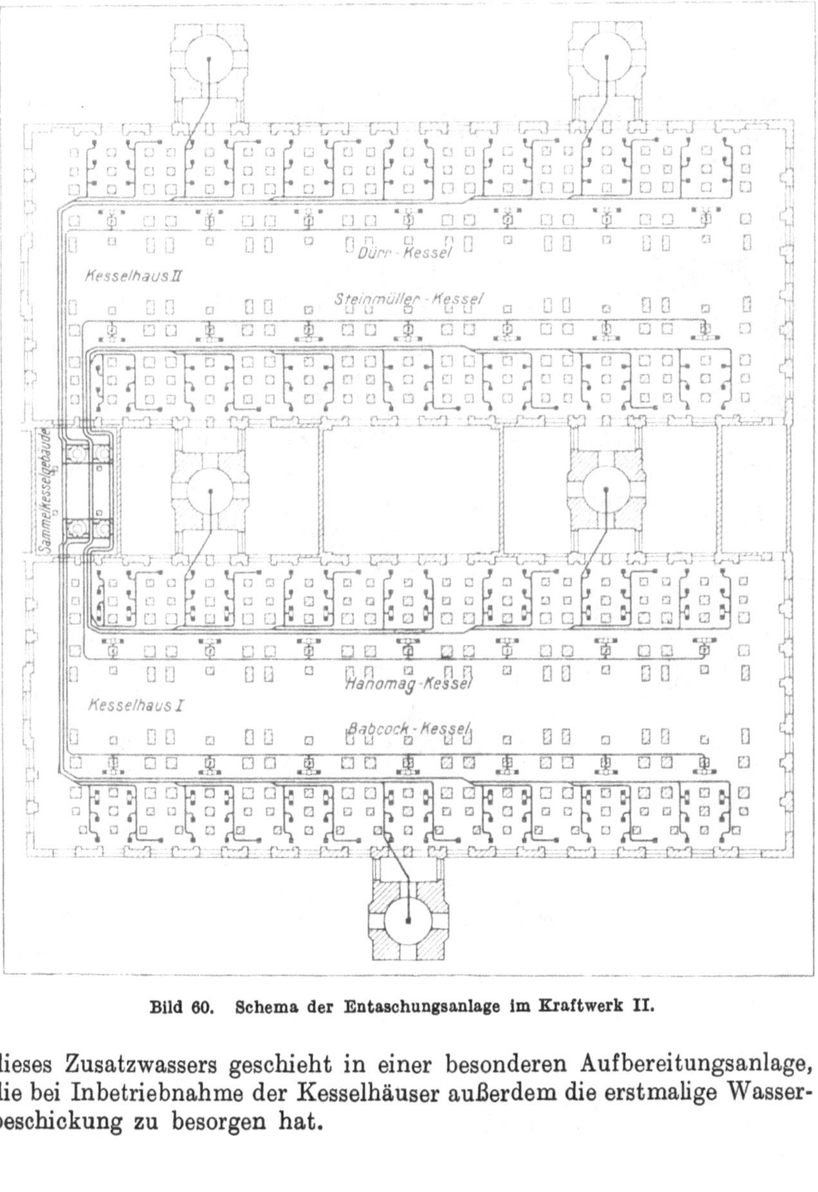

Bild 60. Schema der Entaschungsanlage im Kraftwerk II.

dieses Zusatzwassers geschieht in einer besonderen Aufbereitungsanlage, die bei Inbetriebnahme der Kesselhäuser außerdem die erstmalige Wasserbeschickung zu besorgen hat.

Wir unterscheiden daher in der Speisewasseranlage folgende Bestandteile:

Kondensatleitungen,	Kesselspeisepumpen,
Aufbereitungsanlage für Zusatzwasser,	Speisewasserleitungen

Die maschinellen Einrichtungen der Speisewasseranlage, die Aufbereitungsanlage und die Pumpen, sind im Speisewasserhaus vereinigt.

Bild 61. Aschenbunker mit Anschluß an die Saugleitung.

2. Das Speisewasserhaus.

Das Speisewasserhaus liegt in der Mitte zwischen den beiden Kesselhäusern so, daß seine Hauptachse mit der Querachse der Kesselhäuser zusammenfällt. Seine Länge war durch den Abstand der Kesselhäuser (= 16 m) gegeben; seine Breite ist 22 m. Die Geschosse des Speisewasserhauses liegen mit denen des Kesselhauses auf gleicher Höhe und stehen außerdem durch eine Treppenanlage miteinander in Verbindung. Im ersten Obergeschoß stehen drei Behälter für fertiges Zusatzwasser und fünf Kesselspeisepumpen. Das zweite Obergeschoß enthält die Aufbereitungsanlage. Außerdem hat das Speisewasserhaus noch zwei Nebenbetriebe aufgenommen: eine Druckluftanlage (Kompressor und Behälter, siehe Abschnitt C 1 c: Rußbläser) und eine Unterstation der elektrischen Eigenbedarfsanlage.

3. Die Kondensatleitungen.

Von dem Kondensatorsatz jeder Turbine geht eine Kondensatleitung durch den Übergang in das zugehörige Kesselhaus und mündet in eine quer zur Achse an den nördlichen Stirnseiten durch sämtliche Kessel-

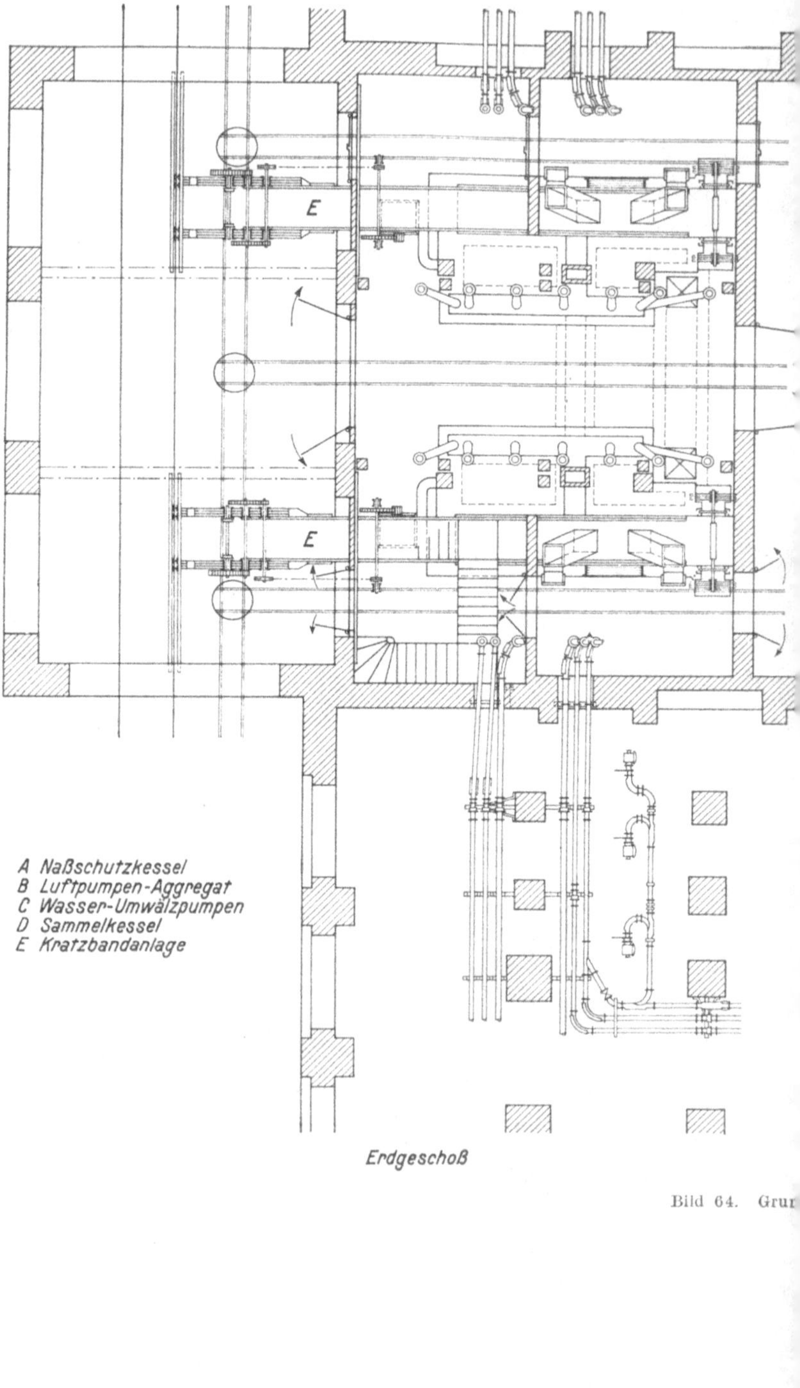
E
E
A Naßschutzkessel
B Luftpumpen-Aggregat
C Wasser-Umwälzpumpen
D Sammelkessel
E Kratzbandanlage
Erdgeschoß

Bild 64. Gru

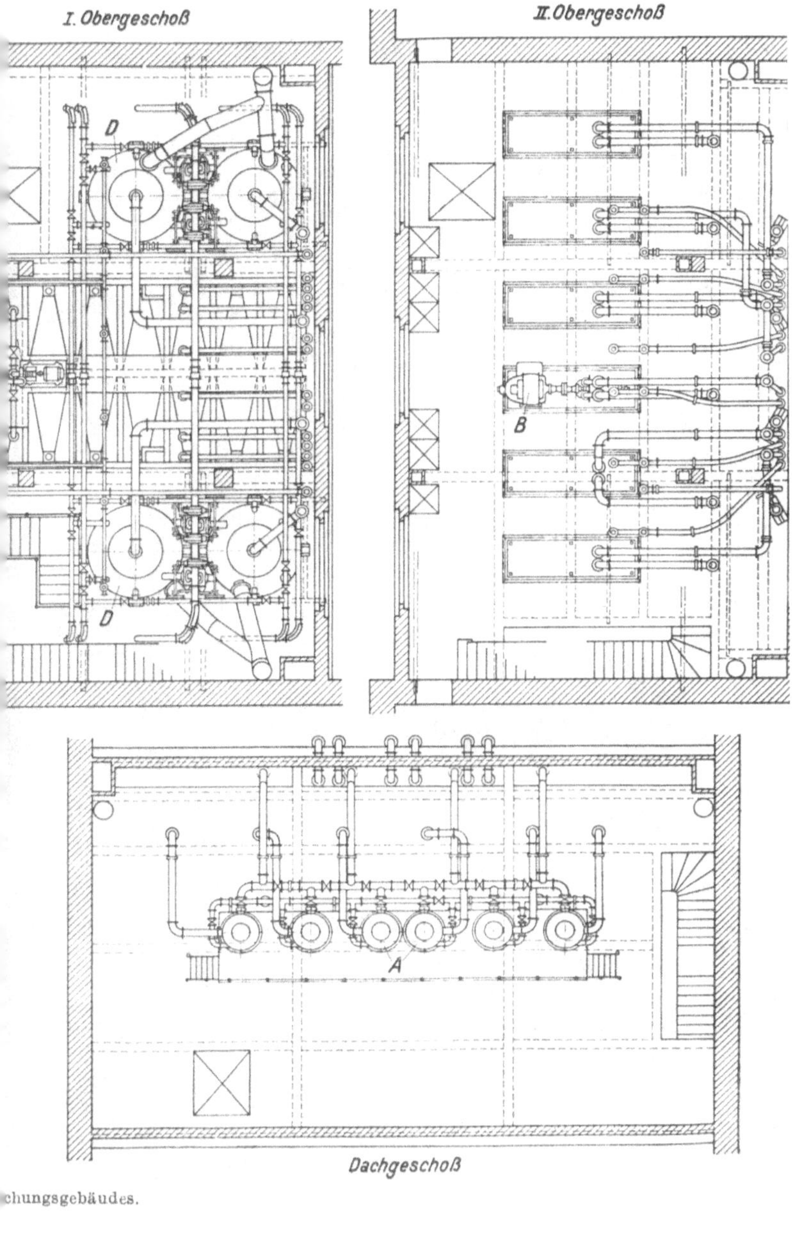

chungsgebäudes.

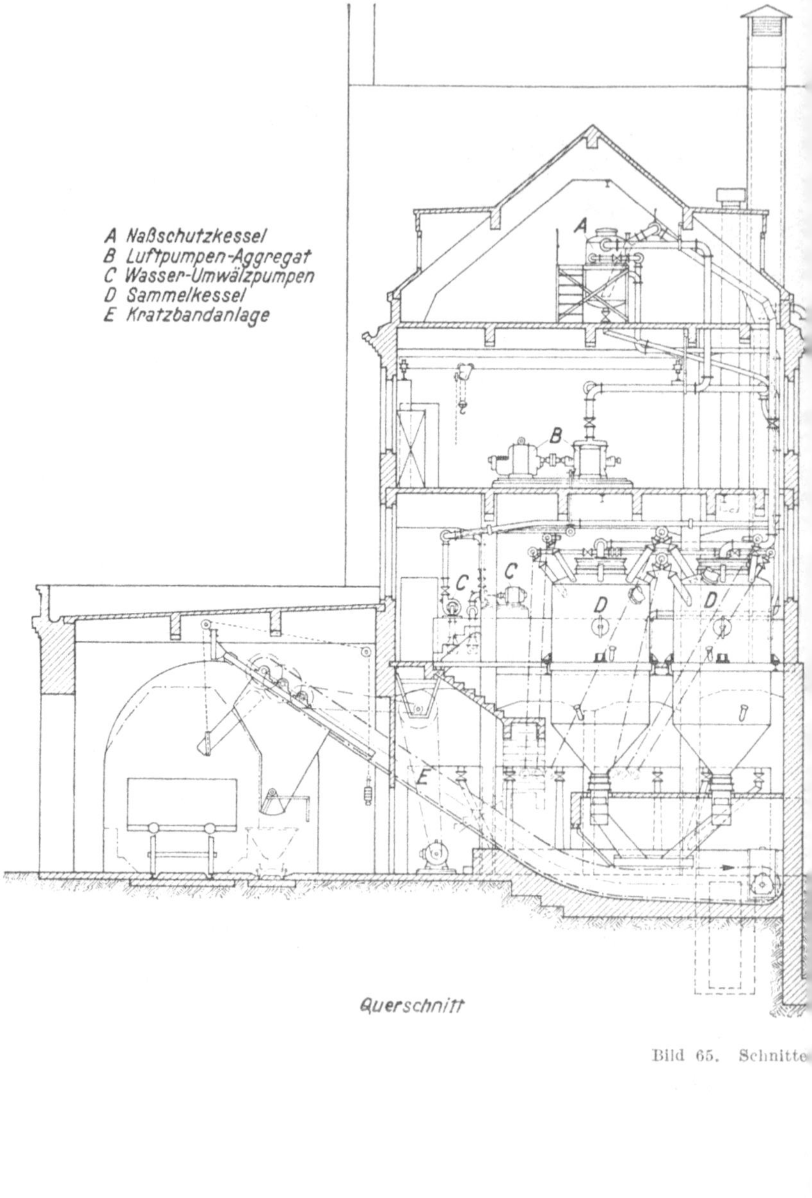

Bild 65. Schnitte

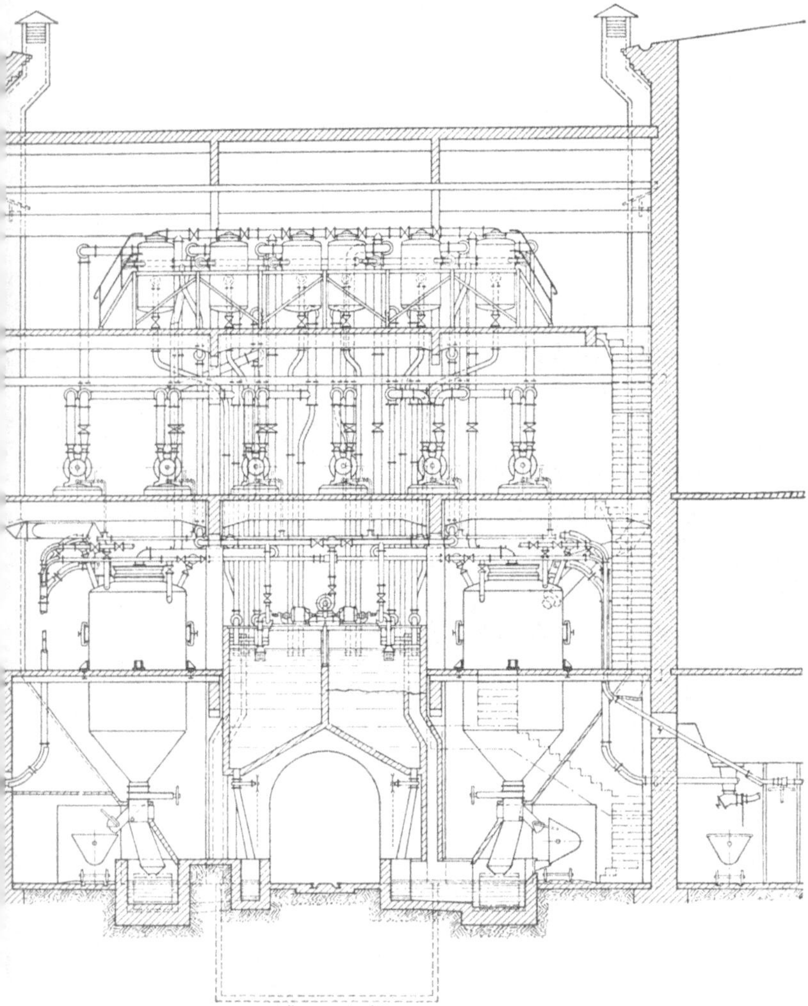

Längsschnitt

chungsgebäude.

häuser hindurchgeführte Hauptleitung, die das Kondensat sämtlicher Turbinen sammelt. Innerhalb jedes Kesselhauses zweigen von dieser Sammelleitung zwei Kondensatleitungen zumSpeisewasserhaus ab(Bild68). Die Leitungspaare sind so groß bemessen, daß jede Einzelleitung allein für den Betrieb mit zwei Turbinen ausreicht. Dadurch ist auch bei den Kondensatleitungen das Prinzip der Doppelleitung streng durchgeführt. Durch die Hauptleitung werden die Kondensatleitungen des ganzen Kraftwerks zu einem einheitlichen System vereinigt. Falls bei Vollausbau des Werkes mit drei Speisewasserhäusern ein Speisewasserhaus betriebsunfähig wird, können die betroffenen Kessel durch die Hauptleitung von einem anderen Speisewasserhaus versorgt werden (Prinzip der distributiven Kopplung). Im Speisewasserhaus münden die Kondensatleitungen in sogenannte Mischgefäße.

Bild 62. Bedienungsgang im Aschenkeller.

4. Die Aufbereitung des Zusatzwassers.

a) Die Wahl des Aufbereitungsverfahrens. Das im Kraftwerk zur Verfügung stehende Rohwasser kam als Zusatzwasser keinesfalls in Frage, da es wegen seines starken Gehaltes an Kesselsteinbildnern nicht einmal zum Betriebe der Kondensatoren gebraucht werden kann. Man mußte sich also für irgendeine geeignete Aufbereitung entscheiden. Da nun zur Enthärtung des Kondensatorkühlwassers (wie wir in Abschnitt D, Kühlwasserkreislauf, erfahren werden) ohnehin eine Wasseraufbereitungsanlage großen Umfangs nach dem Permutitverfahren aufgestellt werden mußte, so hätte es nahegelegen, das enthärtete, „permutierte“ Wasser auch als Zusatzwasser für die Kesselspeisung zu verwenden. Nun wird beim Speisen der Kessel mit Permutitwasser zwar die Kesselsteinbildung mehr oder minder vermieden, und es gibt in der Tat zahlreiche Betriebe, die sich mit dieser Aufbereitung zufrieden geben; dagegen hat das Permutitwasser folgende unangenehme Eigenschaften.

Bild 63. Schlackenbunker

Durch die Anreicherung des Kesselwassers an Soda (Na_2CO_3), Natriumbikarbonat ($NaHCO_3$) und anderen Chemikalien tritt an der Oberfläche des verdampfenden Wassers ein sehr starkes Aufschäumen ein, das sowohl die Trockenheit des Dampfes als auch die Gleichmäßigkeit der Erzeugung sehr stark beeinträchtigen kann. Die festen Beimengungen schlagen sich ferner als Schlamm in den unteren Teilen des Kessels nieder, so daß jeder Kessel von Zeit zu Zeit, gewöhnlich jeden Tag, unter vollem Betriebsdruck abgelassen werden muß. Dabei entweichen nicht nur große Wärmemengen ungenutzt ins Freie, sondern es gehen auch bei jedem Kessel mehrere Kubikmeter wertvollen Wassers verloren.

Bild 66. Luftpumpen im Entaschungsgebäude.

Man entschloß sich daher, den Kesseln nur reines, destilliertes Wasser zuzuführen, um dadurch Kesselsteinansatz, Schlammablagerungen und Korrosion auch bei längerer Betriebszeit zu vermeiden.

b) Das Rohwasser. Das Rohwasser für die Aufbereitung des Zusatzspeisewassers ist warmes Permutitwasser, das dem Kühlwasserkreislauf an den Austrittstutzen der Kondensatoren entnommen wird.

Dieses warme Weichwasser ist für die Destillation sehr geeignet, erstens weil es bereits eine Temperatur von etwa 40° hat, und ferner, weil es in den Verdampfern keinen Kesselstein niederschlägt. Die Förderung des Permutit-Warmwassers aus dem Kondensatorkeller in das Speisewasserhaus geschieht durch eine eigene Leitungsanlage. Im Kondensatorkeller liegt parallel zur Achse eine Sammelleitung, die durch Abzweige mit den Warmwasserdruckleitungen jedes Kondensators in Verbindung steht (Bild 114). Diese Leitung führt zu den im Permutithause aufgestellten Pumpen *D*, die das Wasser in einen Sammelbehälter von 165 m³ Inhalt fördern. Dieser Sammelbehälter steht auf dem 6. Stockwerk des Turmes, 51 m über der Sohle des Aschenkellers. Aus diesen Turmbehältern fließt das Wasser den Verdampfern mit natürlichem Gefälle zu.

Bild 67. Naßschutzkessel im Entaschungsgebäude.

c) Die Verdampferanlage. Die Aufbereitungsanlage für Zusatzwasser besteht vorläufig aus zwei Verbundverdampfern mit je einem Kochentgaser und Wärmeaustauscher und einigen Wasserbehältern.

Heizmittel. Als Heizmittel für die Verdampfer dient Sattdampf, der von jedem der beiden Kesselhäuser durch eine 90 mm starke Rohrleitung zugeführt wird; er wird aus zusammen zwölf Kesseln entnommen, und zwar aus den drei mittleren Kesseln jeder Kesselreihe. Da bei dem verhältnismäßig kleinen Dampfverbrauch eine Leitung allein hinreichend wäre, so finden wir auch hier, wie bei den meisten Rohrleitungen des Kraftwerks, das Prinzip der Doppelleitung.

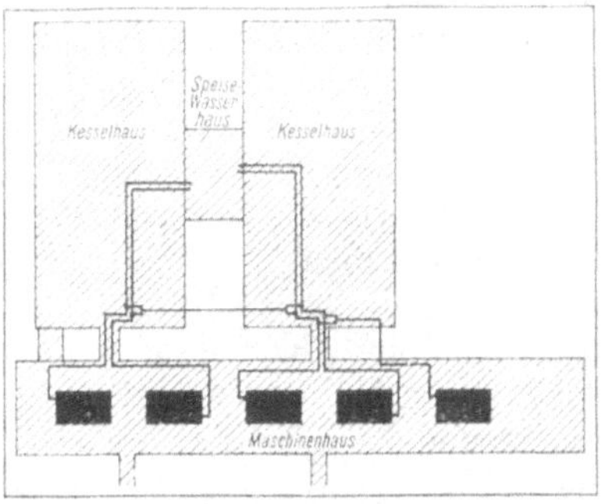

Bild 68. Schema der Kondensatleitungen.

Leistung und Verbrauch. Leistung und Verbrauch der Verdampferanlage sind folgende: Jede Verdampfereinheit verbraucht stünd-

Bild 69. Ansicht der Verdampferanlage.

lich 1850 kg Heizdampf und erzeugt damit netto 6500 l destilliertes Wasser; dazu kommt der Heizdampf, der gleichfalls kondensiert und als Speisewasser wieder austritt. Demnach hat jeder Verdampfer eine Bruttostundenleistung von 8350 l. Der Bedarf an Zusatz-Speisewasser ist bei Vollastbetrieb mit vier Turbinen stündlich etwa 15 000 l = etwa 4 % des umlaufenden Wassers. Die Aufbereitungsanlage ist also auch im ungünstigsten Falle hinreichend leistungsfähig. Eine dritte Verdampfereinheit (Reserve) ist im Bau.

Wirkungsweise. Die Verdampfer (Bild 70) arbeiten nach dem Gegenstromprinzip. Das mit etwa 37° C zufließende Permutitwarmwasser tritt zuerst in die Kochentgaser ein, in denen es lebhaft aufkocht, so daß Sauerstoff und Kohlensäure ausgetrieben werden. Auch das doppeltkohlensaure Natrium ($NaHCO_3$) wird hierbei zerlegt, das Anhydrid entweicht und die nichtflüchtige Base NaOH bleibt in Lösung. Das gasfreie, auf 100° erwärmte Wasser tritt von unten in die Verdampfer ein und wird durch Umwälzpumpen in den senkrechten Heizrohren hochgepumpt. Das nicht verdampfte Wasser fließt durch die Umführungsleitung den Umwälzpumpen wieder zu und beginnt den Kreislauf von neuem. Der obere Teil der Verdampfer ist als Wasserabscheidungskasten ausgebildet, durch den der erzeugte Brüdendampf einer mehrmaligen Richtungsänderung unterworfen wird. Der aus dem Verdampfer I jeder Einheit

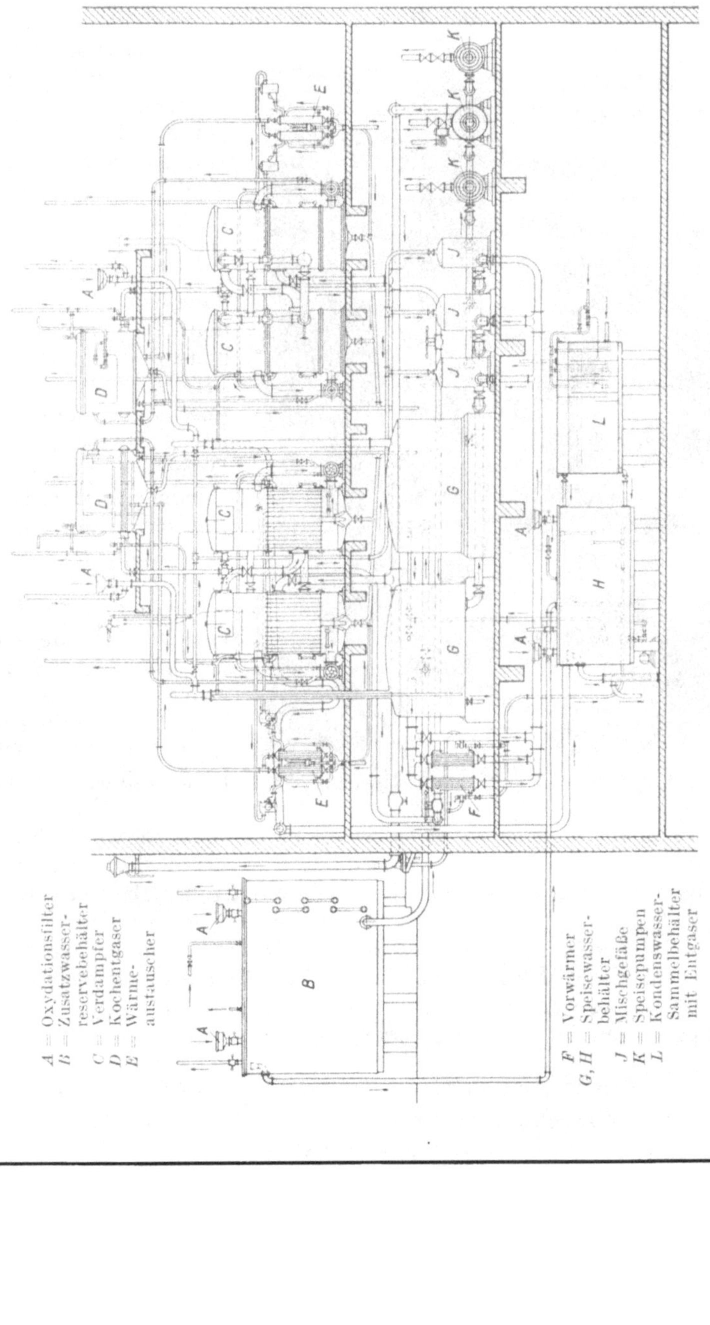

Bild 70. Schema eines Verbund-Verdampfers.

austretende Brüdendampf wird in den Heizraum des Verdampfers II geleitet, wo er als Heizdampf verwendet wird und dabei kondensiert. Der Brüdendampf des Verdampfers II durchstreicht ebenfalls einen Wasserabscheidungskasten und verteilt sich dann auf zwei Rohrleitungen. Durch die eine wird ein Fünftel der Brüden dem Kochentgaser als Heizdampf zugeführt; die übrigen vier Fünftel werden in einem sogenannten Brüdenkompressor, einem Dampfstrahlapparat besonderer Konstruktion, mit dem aus dem Kesselhaus kommenden Frischdampf vermischt und dadurch an Menge, Temperatur und Druck bereichert. Dieses Frischdampfbrüdengemisch tritt dann als Heizdampf in den Verdampfer I ein und bringt das in den Rohren aufsteigende Wasser zum Verdampfen, wobei es selbst zu Destillat verdichtet wird. In beiden Fällen ist also die Kühlanlage des einen Verdampfers die Siedeanlage des anderen, das frische Rohwasser dient als Kühlwasser für die Rückkühlung der Brüden aus der vorherigen Phase. Damit in den unteren Teilen der Verdampfer keine schädliche Laugenkonzentration auftreten kann, fließt dauernd ein kleiner Teil der Schlammwasserlauge selbsttätig ab. Den größten Teil seiner Wärme gibt dieses Schlammwasser in den Wärmeaustauschern dem dort hindurchgeleiteten frischen Rohwasser ab.

Bild 71. Mischgefäß und Speisepumpe im Speisewasserhaus

d) Über die Wirtschaftlichkeit der Verdampferanlagen

Es wird gewöhnlich angenommen, die Herstellung destillierten Wassers als Zusatzwasser verursache viel größere Betriebskosten als jedes andere

Aufbereitungsverfahren. Mit der folgenden Berechnung soll nachgewiesen werden, daß diese landläufige Ansicht keineswegs immer richtig ist.

Jede Verdampfereinheit erzeugt stündlich netto 6,5 m³ Destillat aus Wasser von 15° C und verbraucht dabei 1850 kg Sattdampf von 15 at Überdruck. Zur Erzeugung von 1 m³ Destillat sind also

$$\frac{1850}{6,5} = 284,6 \text{ kg Sattdampf}$$

nötig; rechnen wir für Wärmeverluste durch Strahlung und Undichtigkeit 10 % hinzu, so erhalten wir:

1 m³ Destillat aus Wasser von 15° entspricht 313,06 kg Sattdampf.

Geht man von einem Speisewasser von 15° C aus, so werden zur Erzeugung von 313,06 kg Sattdampf 313,06 · 650 = 203 490 WE gebraucht. Nun tritt aber das Destillat vermehrt um das Kondensat des verbrauchten Heizdampfes mit einer Temperatur von 100° C in den Speisewasserkreislauf ein, so daß mindestens (1000+284,6) · 100 = 128 460 WE in die Kesselanlage zurückgeleitet werden. Daraus folgt:

1 m³ Destillat aus Wasser von 15° entspricht 75 030 WE.

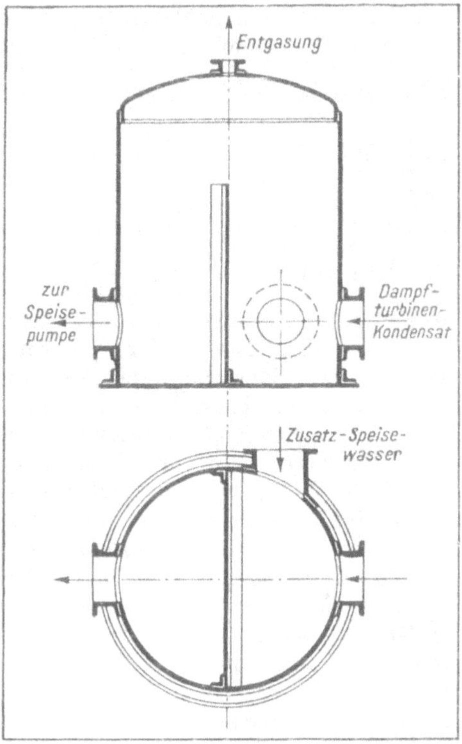

Bild 72. Schnitt durch ein Mischgefäß.

Ferner hat das Rohwasser normal eine Temperatur nicht von 15°, sondern von 37° C. Daraus ergibt sich ein Minderverbrauch von 1000 (37 − 15) = 22 000 WE. D. h.

1 m³ Destillat aus Wasser von 37° entspricht 53 030 WE.

Bei einem Kesselwirkungsgrad von 79 % und einem Heizwert der Kohle von 1800 WE/kg sind hierzu $\frac{53\,030}{0,79 \cdot 1800} = 37,3$ kg Kohle nötig. D. h.

1 m³ Destillat aus Wasser von 37° entspricht 37,3 kg Kohle.

Bei Aufbereitung des Zusatzwassers nach dem Permutitverfahren wären die reinen Betriebskosten allerdings verschwindend klein geworden, da ohnehin eine große Permutitanlage zur Aufbereitung des Kühlwassers im Kraftwerk installiert ist. Nun muß aber jeder mit Permutitwasser gespeiste Kessel täglich abgeschlämmt und mindestens einmal in der Woche vom höchsten bis zum niedrigsten Wasserstand entleert werden, damit erstens keine allzu starke Laugenkonzentration entsteht und zweitens der abgelagerte Schlamm ausgetrieben wird. Dabei gehen jedesmal etwa 4 m^3 Wasser mit einer Wärme von $4000 \cdot 205{,}3 = 821\,200$ WE verloren, für jeden Kessel mithin stündlich $\frac{821\,200}{24} = 34\,216$ WE. Da jeder Kessel in der Stunde $\frac{16\,205 \,.\, 4}{100} = 0{,}65$ m^3 Zusatzwasser erhält, so ergibt sich:

jedem Kubikmeter permutierten Zusatzwassers entspricht ein Wärmeverlust von $\frac{34\,216}{0{,}65} = 52\,640$ WE. Oder:

jedem Kubikmeter permutierten Zusatzwassers entspricht ein Mehrverbrauch an Kohle von 37,0 kg.

Rechnet man hierzu noch die Betriebsausgaben für Kochsalz und Permutit (siehe Abschnitt D 3), so stellt sich heraus, daß das Permutitverfahren im Betriebe keinesfalls viel billiger ist als die Destillation.

e) Sammelbehälter. Das aus den Verdampfern austretende destillierte Wasser wird im ersten Obergeschoß des Speisewasserhauses in drei Behältern gesammelt. Diese kleineren Behälter stehen durch ein kommunizierendes Röhrensystem mit einem vierten größeren Behälter, dem Zusatzwasserreservebehälter, in Verbindung. Dieser Reservebehälter steht im Turm 8,8 m über der Sohle des Aschenkellers und stellt einen Puffer dar, der unter Umständen Unterschiede zwischen Speisewasserzulauf und -ablauf nivelliert. Außerdem dient er als Vorratsbehälter, der über ein vorübergehendes Versagen der Verdampferanlage hinweghilft. In sämtlichen Speisewasserbehältern ist das destillierte Wasser von der Berührung mit atmosphärischer Luft durch einen besonderen Gasschutz (Patent Balcke) abgeschlossen. Als Abschlußmittel dient ein Dampfpolster, dessen Druck durch ein Über- und Unterdruckventil geregelt wird. Bei Überdruck wird Dampf abgeblasen, bei Unterdruck tritt Luft ein, die vorher in einem Oxydationsfilter von ihren dem Wasser schädlichen Bestandteilen Sauerstoff und Kohlensäure befreit wird; es kommt also außer den Edelgasen nur das neutrale Stickstoffgas mit dem Speisewasser in Berührung.

5. Die Mischgefäße.

Die Stelle, an der das Zusatzwasser in den Speisewasserkreislauf eingelassen wird, ist durch sogenannte Mischgefäße gekennzeichnet (Bild 71 u. 72). In diese Mischgefäße münden durch einen zweiten Stutzen die Kondensatleitungen; Zusatzwasser und Kondensat werden innig miteinander vermischt und fließen als fertiges Speisewasser durch einen dritten Stutzen den Speisepumpen zu.

Durch diese einfache, vom Verfasser konstruierte Einrichtung wird die Aufspeicherung von Kondensat gänzlich vermieden. Dies ist u. a. deshalb vorteilhaft, weil das Kondensat hierbei dauernd unter Verschluß gehalten wird und daher keine Gelegenheit hat, atmosphärische Luft zu absorbieren.

6. Die Kesselspeisepumpen.

Als Speisepumpen sind vier elektromotorisch angetriebene Kreiselpumpen und eine durch Dampfturbine angetriebene Kreiselpumpe aufgestellt. Die Motorpumpen dienen dem normalen Betriebe, während die Turbopumpe als Reserve gilt. Die fünfstufigen Motorpumpen haben eine Förderleistung von je 250 m³ in der Stunde bei einer manometrischen Förderhöhe von 190 m. Der Wirkungsgrad ist bei voller Förderleistung 73,3%, bei $^3/_4$ Leistung 62,7 %, bei halber Leistung 50,3 %. Die Antriebsmotoren sind Drehstrom-Hochspannungsmotoren von 270 PS Dauerleistung bei 3000 V Spannung.. Die Turbopumpe ist eine zweistufige Kreiselpumpe und fördert stündlich 450 m³. Die Antriebsturbine ist eine Frischdampfturbine für 15,5 at Überdruck und 350° C bei einem Auspuffgegendruck von 1,2 at abs. Die Turbine erhält aus beiden Kesselhäusern Heißdampf von etwa 350° C bei 14½ bis 15 at Überdruck. Die beiden Dampfleitungen haben einen lichten Durchmesser von 125 mm und zweigen von den Hauptdampfleitungen jedes Kesselhauses ab, die dem Speisewasserhaus am nächsten liegen.

7. Die Speisewasserleitungen.

Der Verlauf der Speisewasserdruckleitungen ist in Bild 73 schematisch dargestellt.

Da von einer Speisewasseranlage unbedingte Betriebssicherheit verlangt werden muß, so sind auch diese Leitungen als Doppelleitungen verlegt. Das Hauptleitungspaar verläuft quer durch die ganze Kesselanlage, also in der Querachse der einzelnen Kesselhäuser. Von jeder dieser Hauptleitungen zweigt bei jeder Kesselreihe eine Hauptverteilleitung ab, in beiden Kesselhäusern zusammen vier Paare von Hauptverteilleitungen. Die Hauptverteilleitungen führen an den Längswänden der Kesselhäuser hinter den Kesseln entlang (Bild 74).

An jede der beiden Hauptverteilleitungen sind die Vorwärmer der Kessel durch eine Abzweigleitung angeschlossen. In die Abzweigleitung jedes Kessels ist ein Speisewasserregler (Bauart Hannemann) eingeschaltet, der den Zulauf des Speisewassers selbsttätig regelt. Wird ein Vorwärmer aus irgendeinem Grunde außer Betrieb gesetzt, so kann das Speisewasser durch eine Umgehungsleitung unmittelbar dem Kessel zu geführt werden. Um bei Bedarf den Wasserverbrauch eines einzelnen

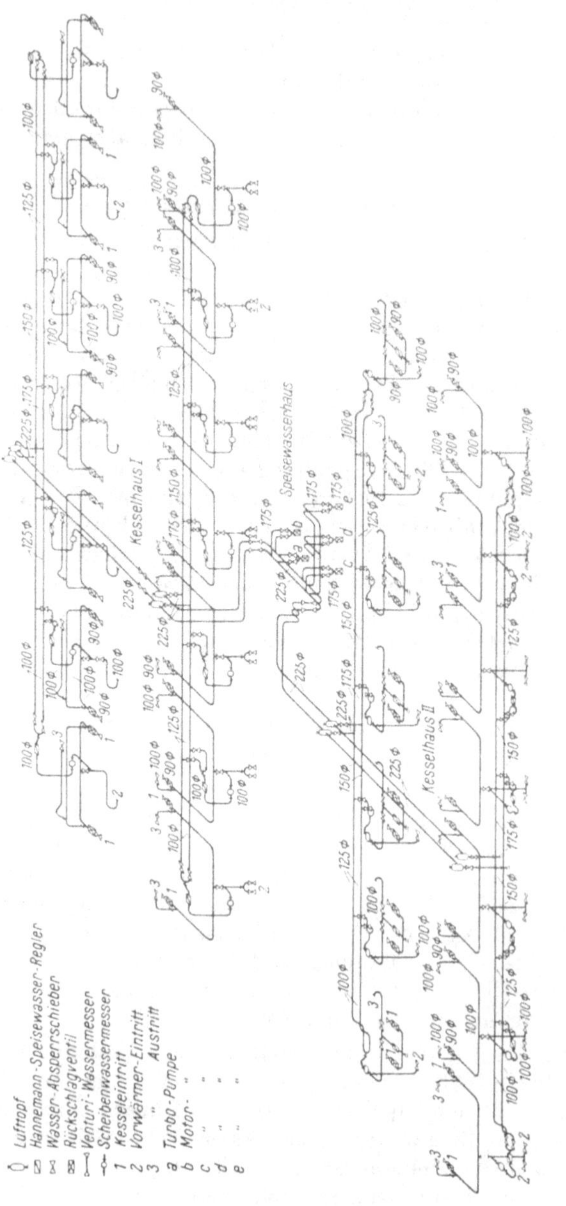

Bild 73. Schema der Speisewasserleitungen.

Kessels überwachen zu können, hat man in die Abzweigleitung ein leicht abnehmbares Einheitsrohr eingeschaltet, an dessen Stelle sich ohne Schwierigkeit ein Wassermesser einsetzen läßt. Bei einem weiteren Ausbau des Kraftwerks bilden die Hauptleitungen der neuen Anlage einfach die Verlängerung der alten Hauptleitungen, so daß auch dann noch sämtliche Leitungen zu einem einheitlichen System zusammengefaßt bleiben. In diesem System kann jedes Speisewasserhaus die Speisung jedes Kesselhauses und im Notfalle aller Kesselhäuser übernehmen (Prinzip der distributiven Kopplung).

Bild 74. Seitengang eines Kesselhauses.

Bei der Bemessung der Speiseleitungen ist damit gerechnet, daß unter normalen Verhältnissen beide Hauptleitungen, überhaupt das ganze Doppelsystem mit beiden Parallelleitungen zu gleicher Zeit in Betrieb seien (Fall 1), daß aber auch nötigenfalls ein Einfachsystem, d. h. jeweils eine der Adern die Verteilung des Speisewassers bewältigen kann (Fall 2). Hiernach ergaben sich die im Leitungsschema Bild 73 angegebenen Rohrdurchmesser. Sind sämtliche 14 Kessel eines Kesselhauses in Betrieb, so treten dabei folgende Wassergeschwindigkeiten auf:

Fall 1

a) bei normaler Belastung der Kessel

Hauptleitung . . . . = 0,8 m/s

Hauptverteilleitungen . . . . = 0,38 m/s

b) bei maximaler Belastung der Kessel
Hauptleitung . . . . = 1,0 m/s
Hauptverteilleitungen . . . . = 0,48 m/s

Fall 2

a) bei normaler Belastung der Kessel
Hauptleitung . . . . = 1,59 m/s
Hauptverteilleitungen . . . . = 0,76 m/s
b) bei maximaler Belastung der Kessel
Hauptleitung . . . . = 2,0 m/s
Hauptverteilleitungen . . . . = 0,96 m/s

Der Fall 2 tritt natürlich nur selten ein, nur dann nämlich, wenn einmal die eine Ader einer Doppelleitung schadhaft wird, so daß die andere den vollen Betrieb aufrecht erhalten muß.

8. Die Meßgeräte der Speisewasseranlage.

Als Meßgeräte für durchlaufendes Wasser sind teils Venturiwassermesser, teils Woltmannwassermesser, teils Scheibenwassermesser verwendet. (Alle drei sind Erzeugnisse der Siemens & Halske A.-G.)

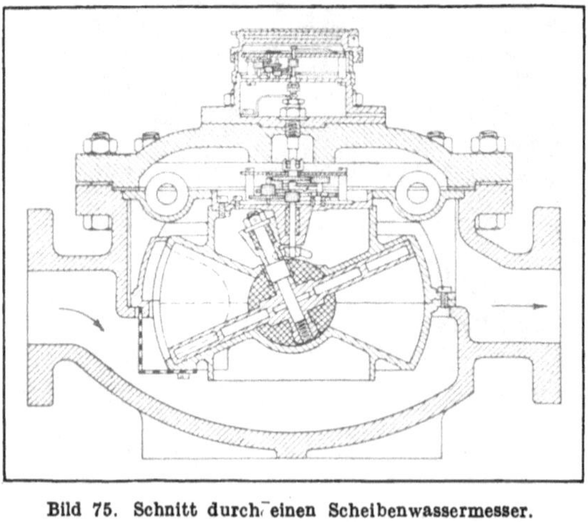
Bild 75. Schnitt durch einen Scheibenwassermesser.

Die Messung durch Venturirohr beruht darauf, daß bei der Verengung des Querschnitts einer Rohrleitung der Leitungsdruck des durchströmenden Wassers an den Einschnürungsstellen abnimmt, da sich ein Teil des Druckes in Geschwindigkeit umsetzt. Das zwischen Einlauf und Einschnürung entstehende Druckgefälle ist ein Maßstab für die Durchflußmenge. Das Instrument besteht aus einem konisch verengten Rohrstück, in das die Venturidüse eingesetzt wird, und aus einem sich allmählich erweiternden Auslaufrohr.

Der Woltmannmesser ist ein Geschwindigkeitsmesser. Er besteht aus einem schraubenartigen Flügelrad, das in einem Gehäuse zentrisch und koaxial angeordnet ist. Im Bereiche des Meßflügels darf die Richtung des Wassers sich nicht ändern; daher soll vor dem Instrument und möglichst auch dahinter eine gerade Rohrstrecke von mindestens einem Meter liegen.

Der Scheibenwassermesser (Bild 75) besteht aus einer hohlen geraden Metallscheibe, die im Innern einer Meßkammer auf einem Kugelgelenk ruht. Diese Scheibe wird durch das durchfließende Wasser in oszillierende Bewegung versetzt, die sich durch einen Mitnehmer auf ein Zählwerk überträgt.

In der Speisewasseranlage wird fortlaufend gemessen:

a) das Kondensat jedes Turbosatzes, und zwar bei den Turbinen I und II durch registrierende Venturimesser, bei den Turbinen III, IV und V durch registrierende Woltmannmesser,

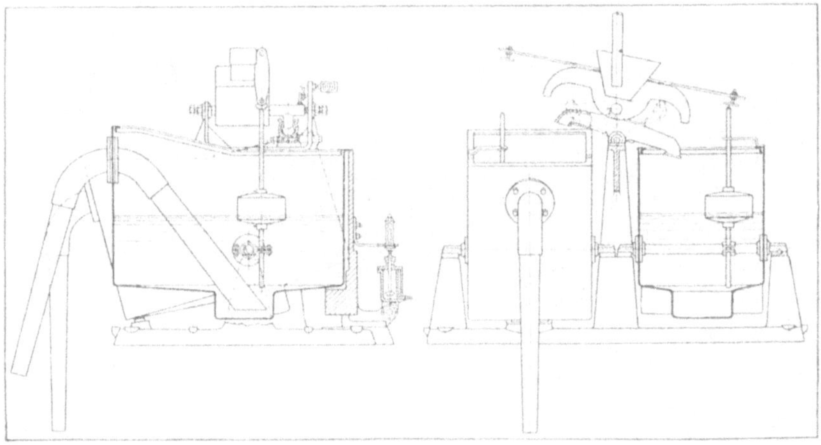

Bild 76. Kippwassermesser. (Bauart Steinmüller.)

b) das Permutitwarmwasser, das den Verdampfern als Rohwasser zugeführt wird, durch Woltmannmesser,

c) das aus den Verdampfern abgeführte Schlammwasser durch Steinmüllersche Kippwassermesser.

d) die Fördermengen jeder Speisewasserpumpe durch registrierende Venturiwassermesser.

Soll gelegentlich gemessen werden, wieviel Speisewasser einem einzelnen Kessel zugeführt wird, so kann man — wie erwähnt — in die Anschlußleitung einen Venturi- oder Scheibenwassermesser einschalten.

Der unter c) genannte Steinmüllersche Kippwassermesser (Bild 76) ist ein Instrument, das sich auch für viel genauere Messungen zu eignen scheint, als im vorliegenden Falle — bei der Messung der Schlammwasserlauge — erforderlich war. Seine Genauigkeit wird mit $^1/_{10}$ % angegeben. Der Kippwassermesser besteht aus zwei Kippgefäßen, die bei einer bestimmten durch ein Gegengewicht gegebenen Wasserfüllung kippen und ausgießen. Die Zahl dieser periodischen Kippungen wird durch ein Zählwerk registriert und ergibt, mit dem konstanten Gewicht der kritischen Füllung vervielfacht, das Gewicht des durchgelaufenen Wassers.

Abgesehen von der unter a) genannten Messung kann die Menge des anfallenden Kondensats bei Bedarf, z. B. bei Leistungsversuchen, durch ein feineres Verfahren bestimmt werden. Die hierzu dienende Apparatur

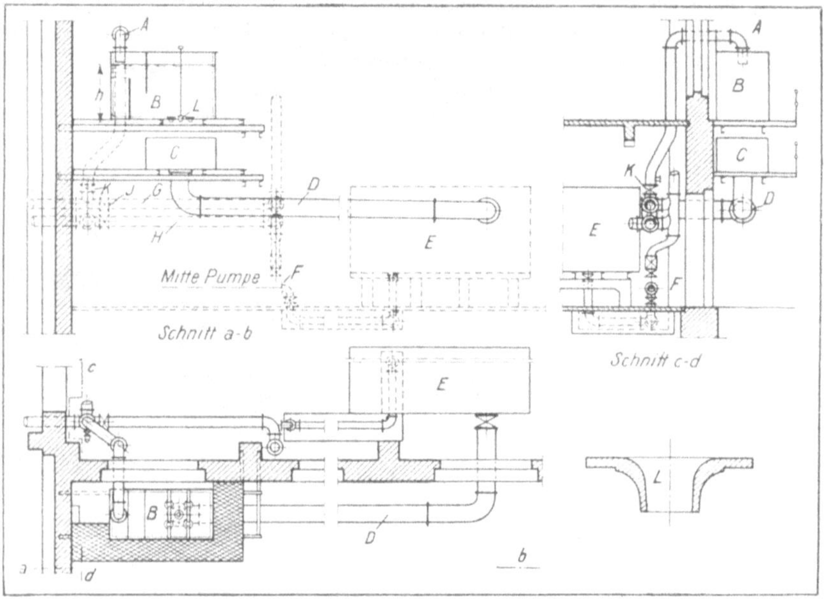

Bild 77. Einrichtung zur Messung des Kondensats.

ist im Bild 77 dargestellt. Der Boden eines Meßbehälters *B* ist von fünt Ausflußdüsen mit einem wirksamen Durchmesser von je 65 mm durchbrochen, die durch Pfropfen *L* verschließbar sind. Die Düsen sind aus Rotguß hergestellt. Die im Meßbehälter angeordneten Querwände sollen das bei *A* eintretende Wasser beruhigen, so daß über den Düsen ein ebener Wasserspiegel entsteht. Aus dem Auffangbehälter *C* unterhalb der Düsen fließt das Wasser durch die Rohrleitung *D* in den Kondensatbehälter *E* und wird von hier aus durch eine Zentrifugalpumpe *F* in die Mischgefäße (zu den Speisepumpen) gefördert. Die Zuführungsleitung *A* zweigt von den Kondensatleitungen *G*, *H* ab, die das Kondensat normalerweise unmittelbar in die Mischgefäße leiten. Die Kondensationsanlage jeder Turbine kann einzeln auf die Meßeinrichtung geschaltet werden (Öffnen des Schiebers *K*, Schließen des Schiebers *I*).

Zur Bestimmung der Kondensatmenge öffnet man nun je nach dem Wasserzufluß eine oder mehrere Düsen und mißt in bestimmten Zeitab-

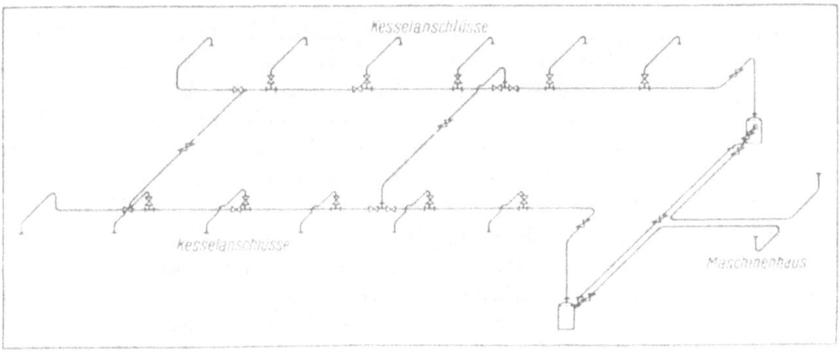

Bild 78. Entwurf einer Hauptdampfleitung.

ständen den Wasserstand im Meßbehälter h. Die sekundliche Durchflußmenge W in Kubikmetern ergibt sich dann aus folgender Formel:

$$W = h \cdot n\ (2\ g\ F\ k),$$

worin bedeutet:

- h die Höhe des Wasserspiegels im Meßbehälter, gemessen von der unteren Kante der Auslaufdüse in Metern,
- n die Anzahl der geöffneten Düsen,
- g die Erdbeschleunigung ($= 9{,}81$ m/s^2),
- F den Querschnitt einer Düse in Quadratmetern,
- k den Ausflußkoeffizienten.

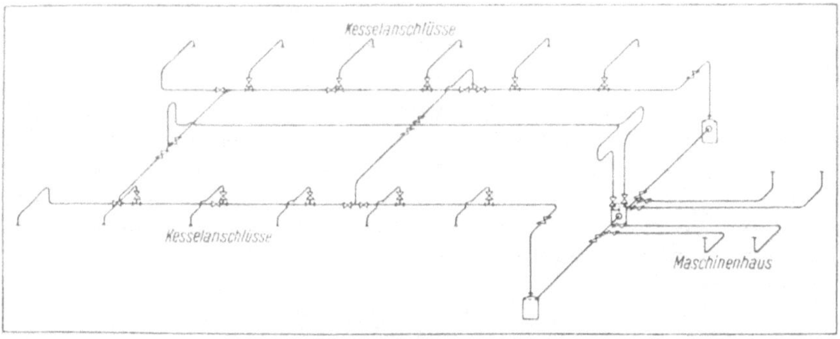

Bild 79. Entwurf einer Hauptdampfleitung.

Den Ausflußkoeffizienten bestimmt man experimentell bei gegebener Durchflußmenge. Dann läßt sich das Produkt ($2\ g\ F\ k$) als spezielle Konstante des Apparats ein für allemal berechnen.

G. Die Dampfleitungen.

1. Überblick über die Leitungs-Führung.

Die Dampfleitungen des Kraftwerks Fortuna II bilden ein einheitliches System von Doppelleitungen. Es war ursprünglich beabsichtigt, die Dampfleitungen innerhalb jedes Kesselhauses als Ringleitungen zu verlegen, eine Anordnung, die sich in vielen Kraftwerken, u. a. auch in Fortuna I gut bewährt hat (Bild 78). Bild 79 stellt den Entwurf einer verbesserten Ringleitung dar, die durch eine dritte Parallelleitung in der Achse des Kesselhauses unterteilt ist und daher aus zwei halb unabhängigen Ringen besteht. Die Ausführung scheiterte aber daran, daß die Rohre der Ringleitung in ihrer ganzen Länge einen Durchmesser von etwa 400 mm lichte Weite erhalten mußten. Dampfleitungen von solcher Stärke sind aus mehreren Gründen unzweckmäßig. Neben dem verhältnismäßig teueren Preise fällt besonders ins Gewicht, daß die Bedienung und Instandhaltung der Absperrorgane in großen Querschnitten recht schwierig ist. Bei nicht ringförmigen Anordnungen dagegen brauchte der Rohrdurchmesser nur nach und nach mit der Zahl der angeschlossenen Kessel auf etwa 350 mm vergrößert zu werden.

Das ausgeführte Doppelleitungssystem ist in Bild 80 schematisch dargestellt. Von jeder Kesselreihe führen zwei Dampfleitungen in gerader Richtung zu der nächstliegenden Turbine. Bei zwei ausgebauten Kesselhäusern ergeben sich also acht parallele Hauptdampfleitungen. Diese Parallelleitungen sind durch eine starke Transversalleitung miteinander verbunden. Die Verknüpfungspunkte sind durch sogenannte Wasserabscheider (Bild 81 und 82) gekennzeichnet. Innerhalb jedes Kesselhauses sind die vier Wasserabscheider zu einer Verteilstation zusammengefaßt.

2. Die Kesselanschlüsse.

Jeder Kessel ist durch zwei Anschlußleitungen von 175 mm Durchmesser an die zugehörige Doppelleitung angeschlossen (Bild 83). Am Anfang und Ende dieser Anschlußleitungen liegen Absperrorgane, so daß sie sowohl gegen den Kessel als auch gegen die Dampfleitungen abgesperrt werden können. Dadurch ist es möglich, an jedem Kessel eines der beiden Anschlußrohre zu entfernen, auszuwechseln oder zu reparieren, ohne den Kessel oder gar die Hauptdampfleitung außer Betrieb zu setzen.

3. Die Hauptdampfleitungen.

Die beiden Hauptdampfleitungen jeder Kesselreihe verlaufen den Längswänden der Kesselhäuser entlang in einer Höhe von 3,50 bis 4,25 m. Ihr lichter Durchmesser nimmt zu von 175 bis 350 mm. An der nördlichen Stirnwand des Kesselhauses gehen die vier Hauptdampfleitungen senkrecht abwärts zur Dampfverteilstation.

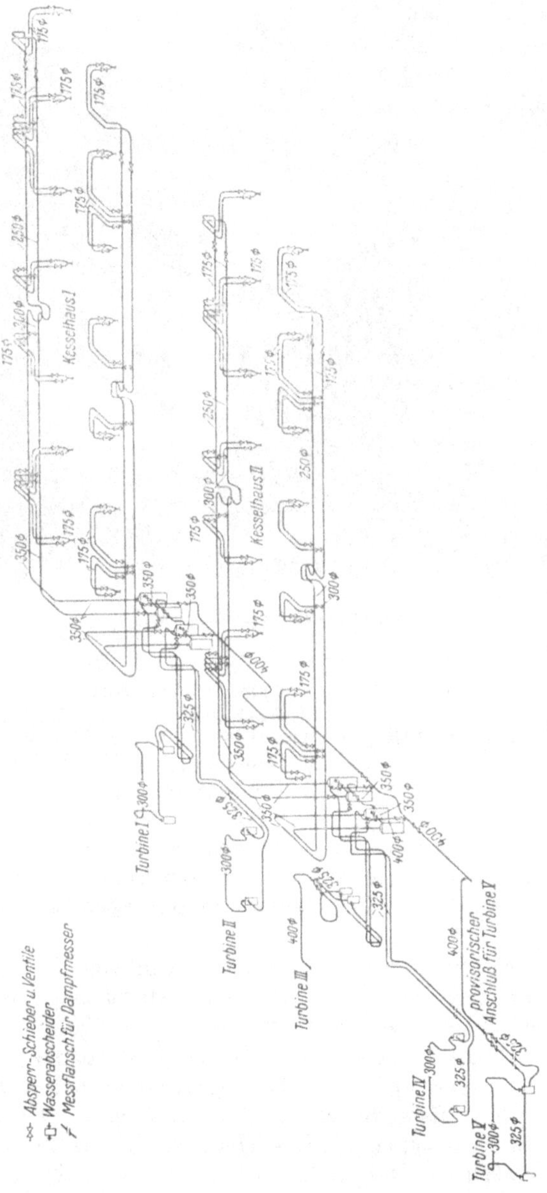

Bild 80. Schema der Dampfleitungen.

Bild 81. Dampfverteilstation.

4. Die Dampfverteilstationen.

Eine Dampfverteilstation ist im Bild 81 in der Ansicht und in den Bildern 82 und 84 im Längs- und Querschnitt übersichtlich dargestellt. Die Hauptdampfleitungen münden in vier großen Wasserabscheidern, die untereinander durch die Querleitungen verbunden sind. Von dem letzten Abscheider des Kesselhauses I führt die Querleitung weiter zum ersten Abscheider des Kesselhauses II. In der Dampfverteilstation sind sämtliche Absperrorgane der Hauptdampfleitungen zusammengefaßt. Hier werden betätigt:

die Absperrventile der vier Zuflußleitungen von den Kesselreihen,
die Absperrventile der vier Abflußleitungen zu den Turbinen,
die Absperrschieber der Querleitungen.

Durch die letzteren wird die Querleitung mehrfach unterteilt; es finden sich Absperrorgane in den Querabschnitten zweier Wasserabscheider desselben Kesselhauses und am Anfang der Querleitung zur Verteilstation des benachbarten Kesselhauses. Mit Hilfe dieser Schalteinrichtungen lassen sich alle erdenklichen betriebsmäßigen Schaltungen bequem ausführen.

Im normalen Betriebe liefert jede Kesselreihe Dampf an die ihr nächstliegende Turbine. Ist jedoch bei einer betriebsfähigen Kesselreihe die zugehörige Turbine außer Betrieb, und gleichzeitig bei einer anderen betriebsfähigen Turbine die zugehörige Kesselreihe stillgesetzt, so kann die nichtgestörte Kesselreihe mit Hilfe der Querleitung auf die ungestörte Turbine geschaltet werden. Wir finden also auch hier wie vorher in der

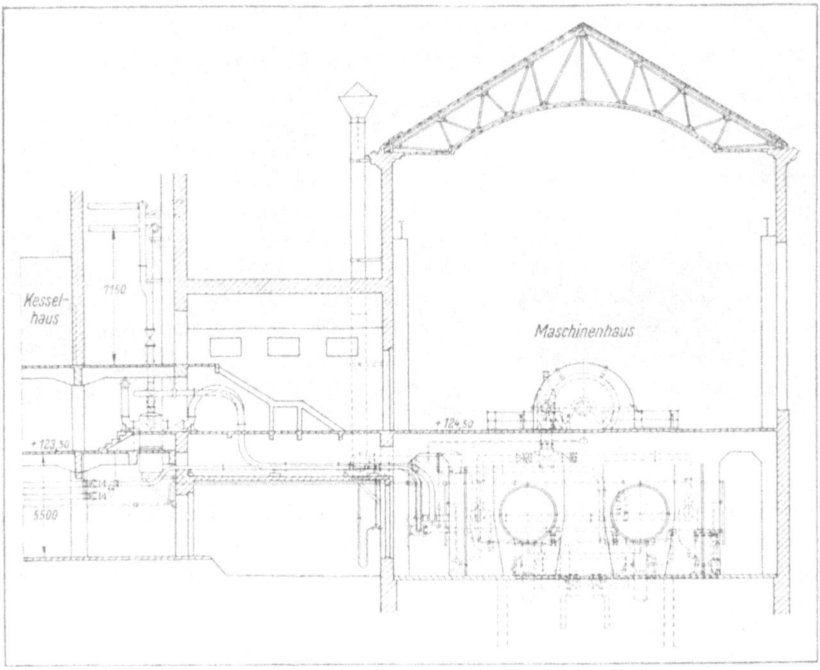

Bild 82. Führung der Dampfleitungen von der Dampfverteilstation zur Turbine.

Speisewasseranlage und später bei den Transformatoren und im Kühlwasserkreislauf das Prinzip der distributiven Koppelung in strenger Form durchgeführt.

5. Die Turbinen-Anschlüsse.

Hinter den Wasserabscheidern setzen sich die Hauptdampfleitungen in den Anschlußleitungen der Turbinen fort. Jede Turbine ist also durch zwei Dampfleitungen an die zugehörige Kesselreihe angeschlossen.

Bild 83. Die Rohrleitungen über den Kesseln, insbesondere die Dampfleitungen.

Zu dem Schema Bild 80 ist noch zu bemerken, daß der eingezeichnete Anschluß der Turbine 5 ein Provisorium ist; nach Errichtung eines dritten Kesselhauses wird Turbine 5 von der östlichen Kesselreihe dieses Kesselhauses gespeist werden.

Die Anschlußleitungen der Turbinen werden von den Dampfverteilstationen durch den Unterbau der geschlossenen Übergänge ins Maschinenhaus eingeführt. Diese Übergänge (Bild 82 und 85) zwischen den Gebäuden sind für das Kraftwerk charakteristisch. Sie dienen einerseits als Verkehrswege, andererseits im besonderen als Brücken für die Massenfluktuation. Durch die Übergänge vom Kesselhaus zum Maschinenhaus führen in Zuflußrichtung die Dampfleitungen, in Abflußrichtung die Kondensatleitungen von den Kondensatoren zum Speisewasserhaus. Es sei schon hier auf die ähnlichen, vom Maschinenhaus ins Schalthaus führenden Übergänge verwiesen.

6. Die Bemessung der Rohrdurchmesser.

Bei der Bemessung der Dampfleitungen war bestimmend, daß im normalen Betriebe beide Adern jeder Doppelleitung unter Dampf stehen und in gleichem Maße an der Dampfleitung beteiligt sein sollten (Fall 1), im Notfalle sollte aber auch jede Einzelleitung allein den Betrieb aufrecht erhalten können (Fall 2). Es war ferner verlangt, daß bei normaler Dampferzeugung von 16250 kg/h je Kessel zwischen dem Austrittstutzen des Überhitzers und dem Eintrittstutzen der Turbine ein Spannungsabfall

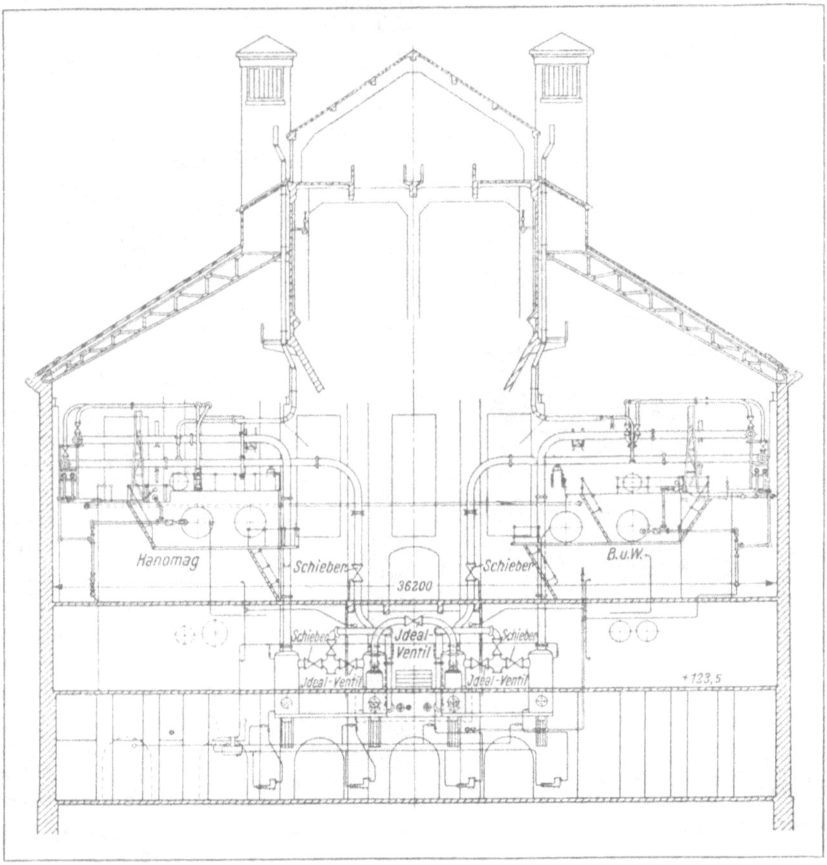

Bild 84. Stirnseite eines Kesselhauses mit Dampfverteilstation.

von höchstens 1 at und ein Temperaturabfall von höchstens 25° C eintreten dürfe, wobei am Überhitzer normale Dampfverhältnisse vorausgesetzt sind. Hiernach ergaben sich die im Leitungsschema Bild 80 angegebenen Rohrdurchmesser.

Sind sämtliche 14 Kessel eines Kesselhauses im Betrieb, so treten folgende Dampfgeschwindigkeiten auf:

Fall 1

In den Teilstrecken mit Durchmesser von	A. bei normaler Kesselleistung	B. bei maximaler Kesselleistung
175 mm	17,5 m/s	22,4 m/s
250 mm	bis 25,8 m/s	bis 33,0 m/s
300 mm	bis 29,9 m/s	bis 38,2 m/s
350 mm	bis 30,7 m/s	bis 39,3 m/s

Fall 2

In den Teilstrecken mit Durchmesser von:	A. bei normaler Kesselleistung	B. bei maximaler Kesselleistung
175 mm	35,1 m/s	44,9 m/s
250 mm	bis 51,6 m/s	bis 66,0 m/s
300 mm	bis 59,7 m/s	bis 76,4 m/s
350 mm	bis 61,4 m/s	bis 78,6 m/s

Die in bezug auf Spannungsabfall gestellten Bedingungen werden nur im Falle 1 A ganz streng erfüllt. Im Falle 1 B steigt der Spannungsabfall auf 1,3 at, im Falle 2 B sogar auf 4 at. Auf diese sehr seltenen Fälle ist beim Bau der Turbinen Rücksicht genommen; unter Zuhilfenahme von Zusatzventilen können die Turbinen auch bei einer Eintrittsspannung des Dampfes von 11 at Überdruck noch volle Leistung hergeben.

Bild 85. Übergang von einem Kesselhause zum Maschinenhaus.

7. Kompensatoren und Absperrorgane.

Bei der Projektierung der Hauptdampfleitungen wurde sorgfältig auf folgende zwei Grundsätze Rücksicht genommen:

1. Vermeidung von mechanischen Kompensationseinrichtungen,
2. Beschränkung der Absperrorgane auf ein Mindestmaß.

Der ersten Forderung wurde dadurch genügt, daß keinerlei Stopfbüchsen, Gelenk- oder Kugelkompensatoren eingebaut wurden. Bekanntlich ist die Betriebssicherheit dieser Apparate noch nicht genügend erwiesen. Soweit wie möglich wird die lineare Wärmeausdehnung der

Rohrleitungen durch die bei der Verlegung von selbst auftretenden Richtungsänderungen ausgeglichen. Nur in die verhältnismäßig langen geraden Hauptleitungen in den Kesselhäusern ist ein Lyrabogen eingeschaltet.

Ebenso streng hielt man sich an die andere Forderung. In die Hauptdampfleitungen sind überhaupt keine Absperrventile eingebaut. Sämtliche Hauptabsperrschieber sind, wie erwähnt, in der Dampfverteilstation jedes Kesselhauses vereinigt. Als Absperrorgane wurden Parallelschieber (Bauart Seiffert) und Idealventile (Bauart Borsig) verwendet. Beide Apparate haben sich im Betriebe gut bewährt. Die Absperrventile werden durch Handräder an Bedienungssäulen betätigt; es ist jedoch Vorkehrung getroffen, daß sie nachträglich ohne Schwierigkeit mit elektrischer Fernsteuerung ausgerüstet werden können.

IV. Das Maschinenhaus und seine Hilfsbetriebe.

A. Überblick.

Im vorigen Abschnitt lernten wir das Kesselhaus als einen Brennpunkt des Kraftwerks kennen. Das Maschinenhaus ist der zweite. In seinen Turbosätzen überschneiden sich drei Kreisläufe: der Speisewasser-Dampfkreislauf (III), der Kühlwasserkreislauf (IV) und der Kreislauf des elektrischen Stroms (V). Die Zusammenhänge zwischen dem Maschinenhaus und seinen Hilfsbetrieben ergeben sich einfach dadurch, daß man vom Turbosatz aus die geschnittenen Kreisläufe in Richtung des Zufließens und Abfließens verfolgt. Die drei geschnittenen Kreisläufe bestimmen sechs verschiedene Bewegungsrichtungen, die in folgender Tafel benannt sind:

Kreislauf	Zufließend	Abfließend
III	Dampf	Kondensat
IV	Kühlwasser	Warmwasser
V	Elektrischer Strom	

Die Dampf- und Kondensatleitungen sind Hilfseinrichtungen, die sowohl dem Kesselhaus als auch dem Maschinenhaus angehören. Ein Unterschied liegt nur in der Richtung. Der Dampf rechnet beim Kesselhaus unter die abfließenden, beim Maschinenhaus unter die zufließenden Massen; das Umgekehrte gilt von den Kondensatleitungen. Dampfleitungen und Kondensatleitungen stellen die Verbindungsglieder zwischen Kesselhaus und Maschinenhaus dar. Da wir sie vom Kesselhause aus schon kennen lernten, brauchen wir ihnen hier nicht weiter nachzugehen.

Beim Kreislaufe des elektrischen Stroms, besonders aber bei Wechselstrom wäre es nicht angebracht, eine Zufluß- und Abflußrichtung zu unterscheiden. Einerseits wechseln die relativen Richtungen ständig, andererseits sind die Zweige in bezug auf den Generator vollkommen spiegelbildlich und gleich. Außerdem tritt gerade bei Drehstrom der Kreislaufcharakter des elektrischen Stroms wenig in Erscheinung. Daher ist es in diesem Zusammenhange erlaubt, den Generator als den Quellpunkt, die Verbrauchsapparate (Motoren, Lampen usw.) als Sinkstellen der elektrischen Energie zu betrachten, eine rein praktische Hilfsvorstellung, an der wir nur im Verlaufe unserer systematischen Gliederung festhalten wollen. Sie kommt übrigens auch in den einpoligen Schaltbildern zum Ausdruck. Den Kreislauf V fassen wir unter dem Haupttitel: elektrische Einrichtungen zusammen.

Die Verfolgung der Kühlwasseranlage nach Zufluß und Abfluß verbinden wir mit einem Überblick über die Wasserwirtschaft überhaupt: Kühlwasserkreislauf und Wasserwirtschaft

In folgerichtiger Analogie zum Falle des Kessehauses setzen wir die Besichtigung des Kraftwerks dadurch fort, daß wir uns nunmehr in das Maschinenhaus begeben, um das Gebäude und seine Einrichtungen: die Turbosätze, kennenzulernen, und danach in Verfolgung der zufließenden und abfließenden Massen radiale Abstecher zu den Hilfsanlagen machen.

B. Das Gebäude.

a) Allgemeines. Das Maschinenhaus ist projektiert für die Aufnahme von zehn gleichartigen Turbogeneratoren von je 16100 kW, die in der Längsrichtung so hintereinander gestellt werden, daß die Maschinenachsen mit der Achse des Gebäudes zusammenfallen. Daraus ergab sich ein langgestreckter schmaler Bau von folgenden Abmessungen: Länge (bei Vollausbau) 276 m, Breite: 19,5 m. Die Turbogeneratoren sind zu Gruppen von je zweien zusammengefaßt. Die Querachse dieser Gruppe stimmt ungefähr mit der verlängerten Achse des zugehörigen Kesselhauses überein. Ganz streng wurde diese symmetrische Anordnung nicht bei allen Maschinen durchgeführt. Die Abstände zwischen je zwei Gruppen und damit die Länge des Maschinenhauses wäre sonst unnütz vergrößert worden. Die Abmessungen des Maschinenhauses sind so gehalten, daß auch Maschinensätze von 30000 kW und mehr bequem untergebracht werden können.

Das Gebäude ist zweigeschossig; über dem Kondensatorkeller liegt der eigentliche Maschinenraum. Um die erforderlichen Erdarbeiten auf dem abfallenden Baugelände möglichst zu verringern und die Einführung eines normalspurigen Gleises in das Untergeschoß zu erleichtern, hat man den Flur des Kondensatorkellers 1 m tiefer als die Aschenkellersohle gelegt. Der Kondensatorraum ist 7,5 m hoch, der Maschinenraum bis zum Dachansatz 14,5 m, bis zum Scheitel der gewölbten Decke 17 m hoch.

Bild 86. Das Maschinenhaus.

Das Maschinenhaus kann in seiner ganzen Länge von einem elektrischen Laufkran für 60000 kg Nutzlast befahren werden. Die Laufschienen dieses Krans sind auf eigens dafür aufgeführten Pfeilern gelagert. Die auf Eisenbahnwagen heranrollenden Maschinenteile werden mit Hilfe des Krans mühelos abgeladen und bis zur endgültigen Montagestelle gefahren; durch große Montageöffnungen im Boden des Maschinenraumes ist auch der Kondensatorkeller für den Kran zugänglich gemacht.

b) Verkehrswege. Der Maschinenraum ist mit den benachbarten Gebäuden durch geschlossene Übergänge verbunden. Diese Übergänge, die die 10 m breiten Werkstraßen überbrücken, bilden eine Besonderheit des Kraftwerks. Von den Übergängen zu den Kesselhäusern erfuhren wir bereits, daß sie gleichzeitig als Brücke für alle vom Kesselhaus zum Maschinenhaus führenden Leitungen, vor allem also für die Dampfleitungen und Kondensatleitungen ausgebildet sind. Die Vorteile dieser Leitungsführung gegenüber der Verlegung in unterirdischen Kanälen sind ebenso zahlreich wie selbstverständlich. Ähnliches gilt von den Übergängen vom Maschinenraum in das 25 kV-Schalthaus (Bild 117—118). Durch die Übergänge werden die blanken Hauptstromschienen zu den Transformatoren geführt und sind daher im Gegensatz zu Kabelver-

Bild 87. Das Maschinenhaus bei künstlicher Beleuchtung.

bindungen an jeder Stelle bequem zugänglich. Eine weitere Verbindung mit dem 25 kV-Schalthaus ist durch die Schaltbühne hergestellt. Sie überbrückt ebenfalls die Werkstraße und ist mit dem Maschinenhaus durch eine kleine Freitreppe verbunden. Ihr Boden liegt etwa 2,40 m höher als der Maschinenraum. Das Maschinengeräusch wird durch eine Glaswand mit Pendeltür ferngehalten.

c) Lüftung. Die im Abstande von 24 m auf dem Dachfirst des Maschinenhauses angebrachten Entlüfter bewirken eine beständige Lufterneuerung, die durch Öffnen der großen Fensterflächen bei Bedarf noch beschleunigt werden kann. In vielen Maschinenhäusern macht sich besonders im Winter das Schwitzen der Wände und Decken unliebsam bemerkbar. Die aufsteigenden Schwaden und Brüdendämpfe kondensieren an den unteren Dachflächen und rieseln als Wassertropfen an den Wänden herab. Zur Vermeidung dieses Übelstandes ist das Maschinenhaus mit einer Zwischendecke aus Bimsbeton überwölbt. Diese Decke ist nicht, wie das Dach, von kalter Außenluft umgeben, sie hat vielmehr eine ziemlich hohe Eigentemperatur, die die Kondensation des Wasserdampfes verhindert. Die Zwischendecke ist in den Dachbindern aufgehängt und begehbar.

C. Die Turbosätze.

1. Allgemeines. Gegenwärtig enthält das Maschinenhaus bei einer Länge von 174,5 m fünf vollständige Turbosätze. Die Maschine 3 ist ein Erzeugnis der Allgemeinen Elektricitäts-Gesellschaft, Berlin, bei allen übrigen Maschinen wurde die Turbine mit vollständiger Kondensationsanlage von der Maschinenfabrik Augsburg-Nürnberg, Nürnberg, der Generator mit Zubehör von den Siemens-Schuckertwerken, Berlin-Siemensstadt, geliefert. Der normale Betrieb wird entsprechend den beiden Kesselhäusern (gleich vier Kesselreihen) mit den Turbinen 1 bis 4 aufrechterhalten. Da die Leistung der Kesselhäuser sehr reichlich bemessen ist, so kann auch Turbine 5 noch ohne Überlastung der Kessel mitgespeist werden. Im wesentlichen dient Turbine 5 als Reserve.

Jeder Maschinensatz besteht aus folgenden Teilen:

1. Eine Reaktions-Dampfturbine
   a) Dampfdruck 14—14,5 at Überdruck } gemessen am Einlaß-
   b) Dampftemperatur 350° C } ventil.
   c) Drehzahl $n = 1500$ in der Minute.
2. Ein Drehstromgenerator
   d) Spannung 6300 V
   e) Frequenz 50 ~
   f) Dauerleistung 16100 kW (23000 kVA)
   g) Leistungsfaktor $\cos \varphi = 0{,}7$
   h) Dampfverbrauch (bei Vollast unter Voraussetzung der Daten a, b, k) 5,7 kg je kWh.
3. Eine angebaute Gleichstrom-Erregermaschine
   i) Spannung 220 V.
4. Eine Oberflächen-Kondensationsanlage
   k) Kühlwassertemperatur 27° C.

2. Die Turbine. Das Gehäuse der Turbine ist in senkrechter und wagerechter Ebene geteilt, besteht also aus vier Schalen; der Hochdruckteil ist aus Stahlguß, der Niederdruckteil aus Gußeisen hergestellt. Alle Teile des Gehäuses sind in den Lagern aufgehängt, und nicht, wie früher üblich auf Gehäusefüßen gelagert. Dadurch erhält das Gehäuse gegenüber der Wärmeausdehnung eine ausreichende Elastizität. Damit die hohe Temperatur des Hochdruckteils nicht durch Leitung auf das Vorderlager übergeht, ruht sein Gehäuse mit seinem kälteren Mittelteil und nicht mit seinem Rande auf dem Lager. Das ganze Gehäuse ist isoliert und mit Glanzblech verkleidet. Die Turbinenwelle ruht in zwei Traglagern. Der vordere Lagerkörper enthält außerdem ein Kammlager, das die Stellung der Laufräder gegenüber den Leitapparaten bestimmt; es ist daher mit dem Gehäuse so verbunden, daß es dessen Wärmeausdehnung durch achsiale Verschiebung auf einer Gleitbahn folgen kann. Die Schalen des hinteren Turbinenlagers und die Lagerschalen des Generators sind in

Bild 88. Turbosatz.

Kugelflächen gefaßt und können daher den Durchbiegungen der Welle nachgeben. Die reichlich großen gußeisernen Lagerschalen haben Umlaufschmierung. Die starre Turbinenwelle ist aus hochwertigem Material hergestellt; ihre kritische Drehzahl liegt bei 2000 in der Minute. Gegen den Überdruck im Hochdruckteil und gegen den Unterdruck im Niederdruckteil ist die Turbinenwelle durch metallische Labyrinthdichtungen abgedichtet. Alle Dichtungen und Kondenswasser-Sammelstellen sind gegen ölführende Teile gut gesichert, so daß Kondensat und Schmieröl sich nicht vermischen können.

Die Laufräder sind Scheiben von annähernd gleichmäßiger Festigkeit. Sie sind in allen Teilen zur Verminderung der Reibung sehr sauber bearbeitet und zum Teil mit sogenannten Entlastungslöchern versehen, durch die bei plötzlichen Belastungsschwankungen der Druckunterschied zwischen den Laufradseiten ausgeglichen wird.

Die Schaufeln sind aus stark nickelhaltigem Stahl hergestellt. Bei den MAN-Turbinen werden nur gefräste und keine gezogenen Schaufeln verwendet. Bei kleineren Schaufeln wird der gleichmäßige Abstand durch Zwischenklötzchen bestimmt, bei größeren Schaufeln bestehen Schaufel und Klötzchen aus einem Stück. Da die Dicke der gefrästen Schaufeln vom Fuße zum Kopfe, also nach dem Umfang des Laufrades

Bild 89. Turbosatz.

hin abnimmt, ist die ungünstige Beanspruchung durch Fliehkraft geringer als bei den gezogenen Schaufeln mit einheitlichem Querschnitt. Zur Verminderung der Reibungs- und Wirbelverluste ist auf jedem Schaufelkranz ein leichtes Band aus hochwertigem Stahl mit Zapfen aufgenietet oder verschweißt.

Die Turbine hat im ganzen zehn Laufräder (Bild 90), wobei das Druckgefälle in jeder Stufe dem günstigsten Dampfverbrauch entspricht. Die Laufräder sind auf die Welle aufgepreßt und durch Federkeile gegen Verdrehen gesichert, ihre Naben sind gegen die Leitapparate durch Büchsen mit eingestemmten Bronzelabyrinthringen abgedichtet. Die Leitapparate sind im Gehäuse mit einer Abdichtung befestigt und gleichfalls verkeilt. Die Leitschaufeln aus Nickelstahl sind in die gußeisernen Leitapparate eingegossen. Der ganze umlaufende Teil der Turbine kann bei geschlossener Maschine von Hand gedreht werden.

Jede Turbine hat zwei Ölumlaufpumpen. Im vorderen Lagerkörper ist eine zweistufige Zahnradpumpe eingebaut, die durch eine senkrecht zur Turbine angeordnete sogenannte Reglerwelle angetrieben wird. Diese Pumpe dient erstens zur Schmierung der Lager während des normalen Betriebes und zweitens durch die zweite Stufe zur Speisung der Druckölsteuerung des Reglers. Die andere Ölpumpe wird unabhängig von der Hauptturbine

Bild 90. Umlaufender Teil der Turbine.

durch eine besondere, auf dem Ölbehälter aufgebaute kleine Dampfturbine angetrieben; sie hat die Aufgabe, beim Anlaufen und Auslaufen der Hauptturbine die Lager unter Öldruck zu setzen. Das Öl fließt aus den Lagern in die Ölbehälter zurück und wird durch ein System von Rohrschlangen mit Kondensationskühlwasser gekühlt.

Zur selbsttätigen Reglung der Drehzahl dient ein Regler, der unter Öl und vollständig eingekapselt auf der Reglerwelle sitzt. Diese Reglerwelle wird durch ein Schneckengetriebe von der Turbinenwelle angetrieben. Die Reglerbewegung wird durch Druckölsteuerung auf das Dampfeinlaßventil übertragen. Die Drehzahl kann während des Betriebes um 5 % nach oben oder unten von Hand und außerdem durch elektrische Steuerung von der Schaltbühne aus verändert werden. Bei Überschreitung der Drehzahl um 10 % (also bei $n = 1650$) wird der Dampfeinlaß durch eine Schnellschlußvorrichtung selbsttätig abgestellt. Diese Vorrichtung wird ausgelöst durch besondere Sicherheitsregler, die unmittelbar auf der Turbinenwelle sitzen.

Schließlich hat jede Turbine noch zwei Hilfsventile zur Erhöhung der Leistung in mäßigen Grenzen. Die Hilfsventile werden benötigt, wenn bei normaler Dampfspannung die Maschine zeitweilig überlastet

Bild 91. Pumpengruppe einer Kondensationsanlage.

wird oder wenn trotz geringerer Dampfspannung volle Last aufgenommen werden soll (siehe S. 102).

3. Kondensatoren. Aus dem Niederdruckgehäuse der Turbine strömt der Dampf durch zwei Austrittstutzen in die beiden Kondensatoren von je 1360 m² Kühlfläche. Jeder Kondensator ist mit einer Pumpengruppe (Bild 91) ausgerüstet, die aus einer Kühlwasserpumpe, einer Kondensatpumpe und einem zur Absaugung der eingeschlossenen Luft dienenden Strahlapparat (Bauart P. H. Müller) besteht. Im normalen Betriebe werden die Pumpen durch Drehstrommotoren angetrieben. Außerdem haben die Maschinensätze 2 und 4 als Reserve für den Pumpenantrieb an je einem der beiden Kondensatoren eine kleine Dampfturbine, die im Notfalle an die Pumpenwelle angekuppelt wird. Der Abdampf dieser Turbinen wird unmittelbar in die Kondensatoren geleitet, geht also nicht verloren. Da für den Kondensationsbetrieb jedes Maschinensatzes nötigenfalls ein Kondensator ausreicht, sind die Sätze 2 und 4 praktisch von der Stromzuführung unabhängig. Dies ist beim Ingangsetzen einer Maschine oft ein großer Vorzug, und man beabsichtigt daher, bei jedem Satz einen der beiden Kondensatoren mit Dampfturbinenantrieb auszurüsten.

Bild 92. Läufer eines Generators.

Die durch Anlage je zweier Kondensatoren geschaffene Reserve wird dadurch noch erhöht, daß bei jedem Satz ein Kondensator mit dem Pumpensatz des andern arbeiten kann. Im äußersten Falle kann der Abdampf der Hauptturbine durch eine am Eintrittsstutzen je eines Kondensators abzweigende Auspuffleitung ins Freie austreten. Im normalen Betriebe ist diese Auspuffleitung durch eine Klappe mit Wasserdichtung abgeschlossen, die gleichzeitig als Sicherheitsventil dient. Auf der Klappe ruht lediglich der Luftdruck (1 at = 0 at Überdruck); entsteht im Kondensator ein Überdruck, so öffnet sich die Klappe selbsttätig und schaltet dadurch den Abdampf auf die Auspuffleitung.

Für die Kondensation jedes Satzes werden stündlich etwa 6000 m^3 reinen Kühlwassers von höchstens 27° C gebraucht. Die Beschaffung und Aufbereitung dieser großen Wassermengen werden wir im Abschnitt D kennenlernen.

4. Der Generator (Bild 93). Die Welle des Generators ist mit der Turbinenwelle starr verbunden. Der Generator ist vollständig gekapselt; dadurch wird ein ziemlich geräuschloser Gang erzielt und eine zweckmäßige Führung und Verteilung der Kühlluft im Innern der Maschine möglich gemacht. Die Schleifringe und Bürsten liegen außerhalb der Kapselung und sind der Wartung leicht zugänglich.

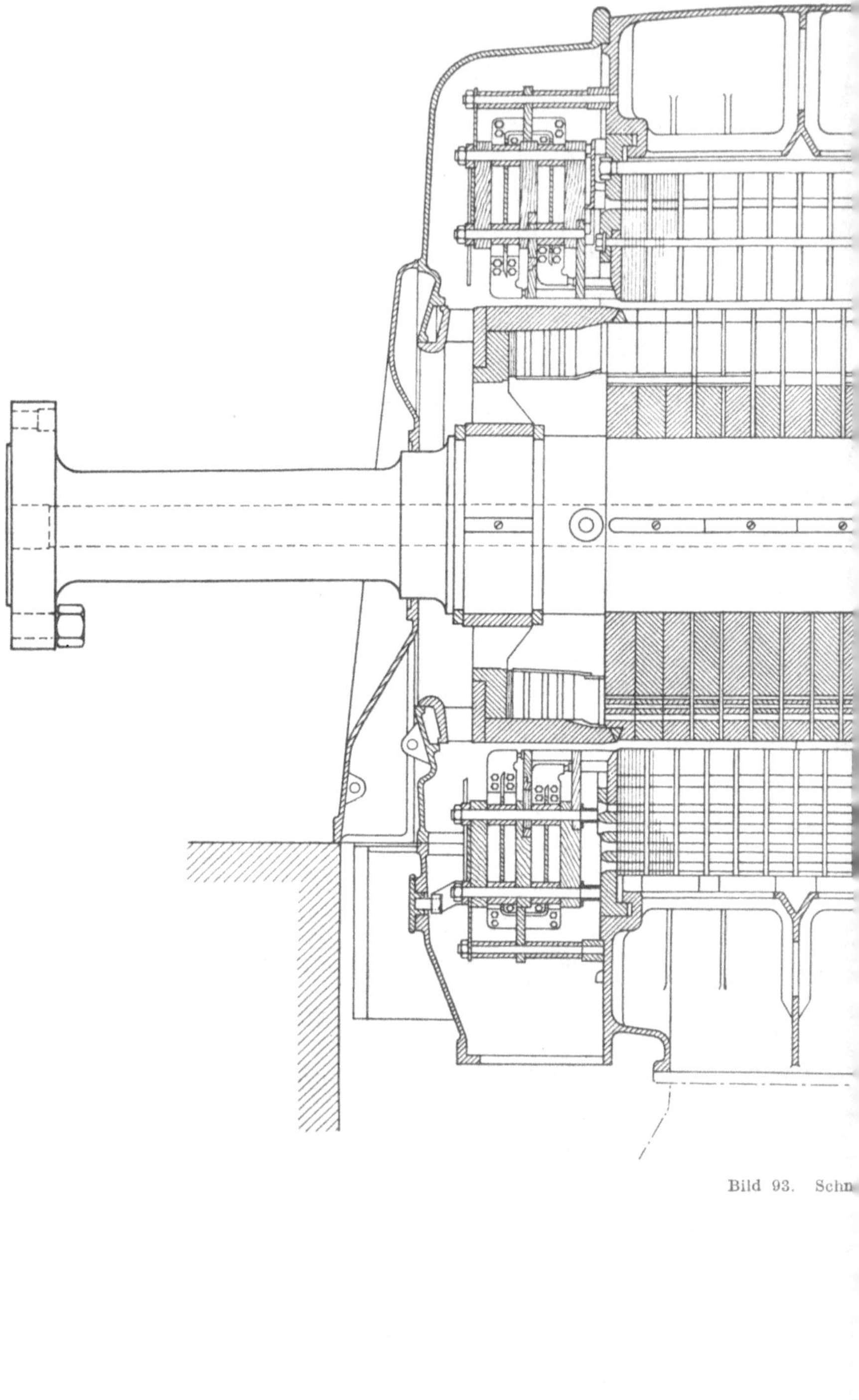

Bild 93. Schn

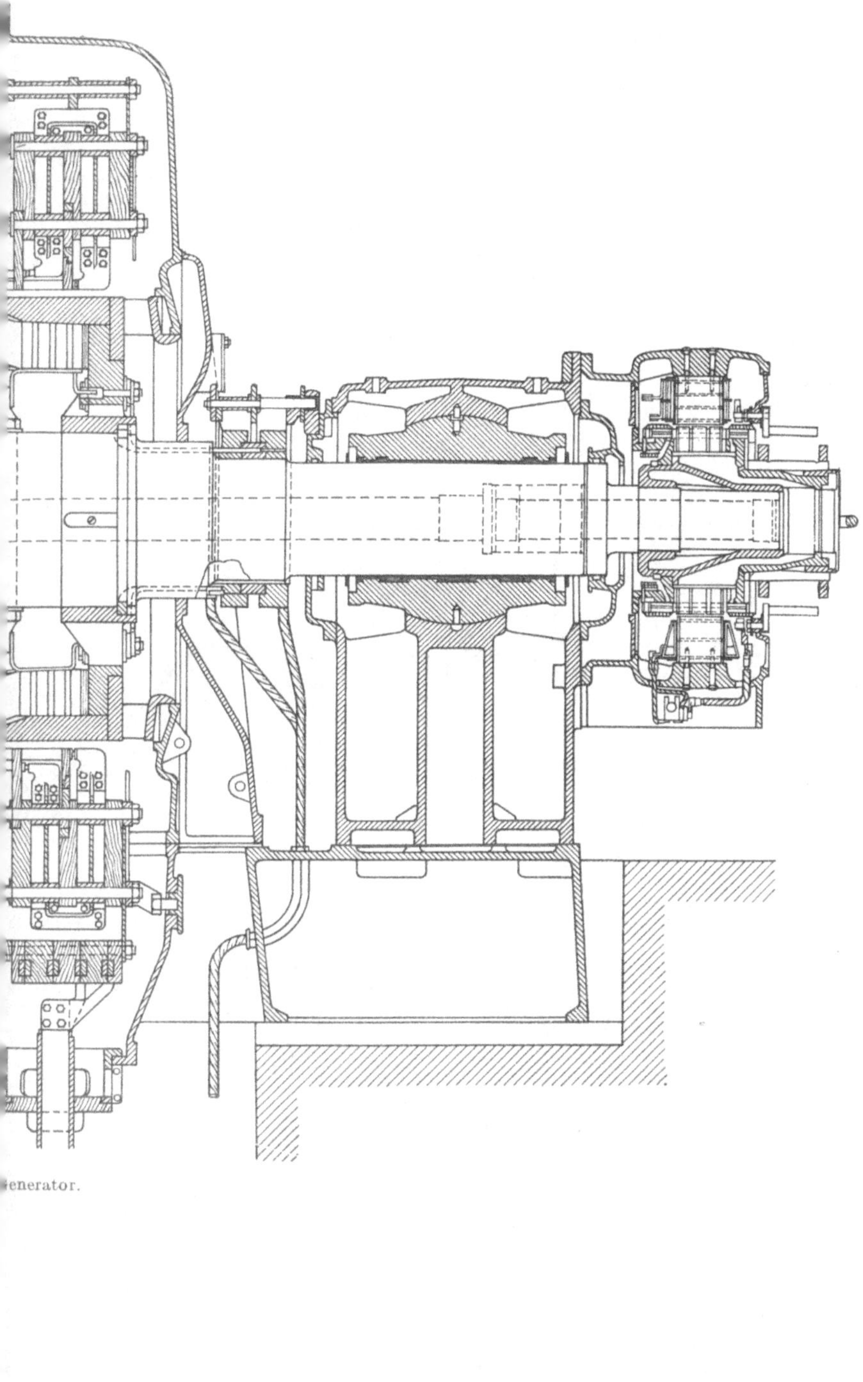

enerator.

Bild 94. Ständer eines Generators.

Der Läufer (Bild 92) hat eine vollkommen glatte zylindrische Oberfläche; sein Eisenkörper besteht aus Platten von hochwertigem Stahl, die auf die Welle aufgeschrumpft sind. Die Nuten sind nach der Zusammensetzung in den kompakten Metallkörper eingearbeitet. Die Läuferwicklung ist eine vierpolige Spiralwicklung, die in entsprechender Unterteilung in die Nuten eingebettet ist. Als Leiter sind flach aufeinanderliegende Kupferbänder verwendet, die gegeneinander, gegen den Eisenkörper und gegen die Läuferkappen sorgfältig isoliert sind. Der ganze

Läufer stellt einen einheitlich starren Körper dar, Verschiebungen innerhalb der Wicklungen und Verlagerungen des Schwerpunkts sind daher ausgeschlossen. Der Schwerpunkt ist durch sorgfältiges Auswuchten genau in Wellenmitte gelegt. Zum nachträglichen Auswuchten dienen besondere Nuten, in die entsprechend geformte Ausgleichgewichte eingesetzt werden können. Von den Enden der Läuferwicklung führen isolierte Flachbandkupferleitungen zu den Schleifringen. Diese Leitungen sind in die Welle eingebettet und durch Keile gehalten. Die Schleifringe aus blankgeschliffenem Stahl sitzen auf isolierten Buchsen; auf jedem Ring schleifen 36 Kohlebürsten, die in leicht federnde Halter eingespannt sind. Die Strombelastung der einzelnen Bürsten ist so gering, daß das Austauschen eines Halters während des Betriebes ohne schädliche Überlastung der anderen vorgenommen werden kann. Die Bürstenstifte sitzen auf einem Bürstenträgerring, der am Lagerbock isoliert befestigt ist.

Der Ständer (Bild 94) ist zweiteilig ausgeführt; nach Abheben der oberen Ständerhälfte kann der Läufer herausgehoben werden. Die untere Gehäusehälfte ruht mit zwei seitlich angegossenen Füßen auf der rahmenförmigen Grundplatte. Die Stirnseiten des Gehäuses werden durch zweiteilige Schilde abgedeckt, in die verschließbare Schauöffnungen eingelassen sind. Das aktive Eisen des Ständerpaketes wird aus einseitig mit Papier beklebten Blechen aufgeschichtet, die in Segmentform mit Nuten gestanzt sind. Das Blechpaket wird zwischen starken Druckplatten durch Schraubenbolzen zusammengepreßt. Die Ständerwicklung ist in halbverschlossene Nuten eingelegt und besteht aus unterteilten, mit Mikanithülsen umpreßten Kupferstäben.

Die Stäbe sind an den Stirnseiten durch massive, stark isolierte Kupferbügel verbunden, die mit den Leitern vernietet und an der horizontalen Teilfuge verschraubt sind. Dieser Aufbau der Wicklung hat den Vorteil, daß beschädigte Teile sehr schnell an Ort und Stelle ersetzt werden können, falls isolierte Stäbe und Bügel als Reservematerial vorrätig gehalten werden. Alle Elemente der Wicklung werden durch eine Versteifungskonstruktion zu einem unverdrehbaren starren System vereinigt, das allen mechanischen Beanspruchungen (insbesondere durch plötzliche Kurzschlüsse) gewachsen ist.

Für die Kühlung der Generatoren mit Luft sorgt eine eigene Anlage. Durch die in den Generatoren angebrachten Lüfter wird Kühlluft aus dem Freien angesaugt. Bevor sie in den Generator eintritt, wird sie in einer Luftfilteranlage gereinigt. Zu jedem Generator gehört ein Luftfilter von 112 000 m^3 Stundenleistung. Die Luftfilter stehen im Kondensatorkeller unterhalb der Generatoren. Im aktiven Eisen des Ständers und des Läufers sind Schlitze und axiale Kanäle angebracht, durch welche die Kühlluft hindurchstreicht. Aus dem Ständer tritt die warme Abluft nach unten in einem Kanal aus. In den kalten Wintermonaten wird als

Kühlluft ein Gemisch aus Innen- und Außenluft verwendet; das Mischungsverhältnis kann durch Verstellung einer Jalousie im Frischluftkanal und einer Drosselklappe im Boden der Filterkammer verändert werden. Um die Temperaturverhältnisse im Innern der Generatoren bequem überwachen zu können, hat man in die Zu- und Abluftkanäle Fernthermometer und Gefahrmelder eingebaut. Die Fernthermometer messen den Temperaturunterschied der zugeführten und abgeführten Kühlluft, die ja über die Erwärmung des Generators Aufschluß gibt. Die Thermometer werden auf besonderen Schaltpulten in der Schaltbühne abgelesen. Unabhängig hiervon wird das Auftreten einer übermäßigen Erwärmung durch Gefahrmelder in der Schaltbühne angekündigt. Die Anzeige erfolgt durch Hupensignal und Kennlampe und immer so zeitig, daß Gegenmaßnahmen getroffen werden können, bevor der Generator Schaden erlitten hat. Die warme Abluft wird gewöhnlich ins Freie abgeblasen. Durch Umlegen einer Wechselklappe in den Warmluftkanälen kann die Warmluft aber auch in den Maschinenraum geleitet werden. Auf diese Weise wird der Maschinenraum im Winter ausreichend geheizt. Die Austrittstellen der Warmluft liegen an den Außenwänden unterhalb der Fenster (Bild 95).

Bild 95. Warmluftheizung im Maschinenhaus.

5. Die Erregermaschine. Die Erregermaschine ist eine einfache Gleichstrommaschine mit Wendepolen. Sie ist „fliegend", d. h. ohne eigene Lager ausgeführt. Ihr Magnetgestell ist durch einen Flansch mit dem hinteren Generatorlager verschraubt, die Welle mit der Hauptwelle starr verbunden.

6. Meßgeräte und Bedienungseinrichtungen. Zur Überwachung des Betriebes der Turbogeneratoren dienen folgende Meßgeräte:

A. An der Turbine:

1. zur Beobachtung der Dampfzustände
   a) ein Dampfmanometer,
   b) ein Dampfthermometer,
   c) ein registrierendes Dampfpyrometer,
   d) ein Gehre-Dampfmesser;

2. zur Beobachtung der Ölverhältnisse
   a) ein Öldruckmesser,
   b) ein Ölthermometer für das umlaufende Öl,
   c) Thermometer zur Messung der Öltemperaturen in den Lagern;
3. zur Beobachtung der Drehzahl ein Vibrationstachometer.

B. Am Generator:
1. ein Leistungszeiger,
2. zwei Kühllufthermometer am Eintritt und Austritt der Kühlluft (wie auf Seite 167 beschrieben).

C. Am Kondensator:
1. ein Vakuummesser,
2. ein weiterer Vakuummesser mit angebautem Barometer,
3. ein Kondensatthermometer,
4. zwei Kühlwasserthermometer am Eintritt und Austritt des Kühlwassers.

Die Meßgeräte A 1 a und b und A3 sind an der Stirnseite der Turbine auf einer gegen Wärmeübergang geschützten Tafel vereinigt (Bild 86—89).

Bild 96. Kommandosäule eines Turbosatzes.

Der Gehre-Dampfmesser ist in der Nähe der Turbine an der Wand des Maschinenhauses angeordnet. Mit diesem Instrument wird der Dampfdurchgang durch den Rohrquerschnitt in Kilogramm je Sekunde gemessen. Aus den Angaben des Dampfmessers und des Leistungsmessers kann der jeweilige Dampfverbrauch je Kilowattstunde bequem ermittelt werden. Der Leistungsmesser ist im mittleren Teil der Kommandosäule (s. u.) angebracht und hat eine doppelseitige Skala. Der Vakuummesser C 2 gibt das prozentuale Vakuum an, aus dem mit Hilfe des angebauten Barometers der absolute Druck des Kondensators in Millimeter Quecksilbersäule errechnet werden kann. Die Meßgeräte werden alle 15—30 Min. vom Maschinenwärter abgelesen.

Die Vorrichtung zur Verstellung der Drehzahl und die Druckölsteuerung seien hier nochmals erwähnt. Zur Übermittlung von Befehlen und Meldungen von der Schaltbühne zum Turbogenerator dient eine Kommandosäule (Bild 96). Sie besteht aus einem achteckigen Gehäuse mit doppelseitiger Glühlampentafel. In der Mitte des Gehäusekastens befindet sich, wie erwähnt, ein Leistungszeiger. Die sechs rechts und links vom Leistungszeiger angebrachten Lichtfächer haben folgende Aufschriften:

Anlassen
Abstellen
Schneller
Langsamer
Gut / Fertig
Kondensation

Außerdem liegt im Oberteil des Gehäuses noch ein rotleuchtendes Lichtfach für das Notsignal:

Maschine in Gefahr.

Der Anruf geschieht durch ein Hupensignal.

Zur Übermittlung von Rückmeldungen von der Turbine zur Schaltbühne dienen fünf Tasten:

eine Anruftaste,
eine Quittungstaste,
eine Fertigtaste,
zwei Notsignaltasten.

Durch Drücken der Quittungstaste bringt der Maschinenwärter das Lichtsignal der Kommandosäule und gleichzeitig auf dem Schaltpult des betreffenden Generators (in der Schaltbühne) eine Kontrollampe zum Verlöschen; er bestätigt damit dem Schaltwärter die Aufnahme des Befehls.

D. Kühlwasserkreislauf und Wasserwirtschaft.

Das Kühlwasser der Kondensatoren arbeitet im Kreislauf. Das aus den Kondensatoren austretende Warmwasser wird durch die zum Kondensatorsatz gehörige Druckpumpe in die Rückkühlanlage gepumpt und fließt dann den Kondensatorpumpen als Kühlwasser wieder zu. Diesem Kreislauf gehen aber bei jedem Umlauf recht große Wassermengen verloren, hauptsächlich durch die in den Kühlern eintretende Verdunstung, andererseits durch die Wasserabgabe an den Speisewasserkreislauf (Verdampferanlage). Daher muß man dem Kühlwasserkreislauf beständig geeignetes Zusatzwasser zuführen. Der Wasserverbrauch für die Nachfüllung des Kühlwasserkreislaufs ist so groß, daß man daneben den Bedarf aller übrigen Wasserverbraucher im Kraftwerk vernachlässigen kann. Die Aufbereitung des Zusatzkühlwassers nimmt in der Wasserwirtschaft

Bild 97. Hochrinne zwischen den Kühlern.

qualitativ und quantitativ den größten Raum ein. Daher ist das Gefüge der Wasserwirtschaft als Ganzes durch den Kühlwasserkreislauf wesentlich bestimmt; die Schwierigkeiten der Wasserbeschaffung für die Kühlwasseranlage waren gleichzeitig die der Wasserwirtschaft überhaupt.

Wir verbinden daher mit der Betrachtung der Kühlwasserwirtschaft als Hilfsbetrieb des Maschinenhauses einen Einblick in die Wasserwirtschaft des Ganzen. Wir verlassen dadurch für eine kurze Zeit unsere ursprüngliche systematische Gliederung und fassen die Bestandteile der Wasserwirtschaft, die nach unserem Schema in verschiedene Verbrauchsgebiete unterteilt erschienen, nunmehr zu einer Einheit zusammen.

1. Der eigentliche Kreislauf.

Das Kondensatorpaar jeder Turbine steht mit einem Kühlturm in Verbindung, der stündlich 6000 m^3 Wasser um etwa 10° C abkühlen kann. Die Kühltürme (gegenwärtig fünf) sind in zwei dem Maschinenhause parallelen Reihen angeordnet und liegen zu je zweien in der Verlängerung der Achse des zugehörigen Kesselhauses (Bild 11 und 17*).

a) Wasserkanäle und Rohrleitungen. Zwischen den beiden Reihen der Kühltürme ist ein hochgelegener Warmwasserverteilkanal

*) Tafel nach S. 32.

Bild 98. Die Kühltürme.

angelegt, in den die von den Kondensatoren kommenden Warmwasserdruckleitungen ausgießen (Bild 97). Das warme Kühlwasser fließt durch je zwei Anschlußkanäle in die Kühler. Der Verteilkanal und die Anschlußleitungen sind aus Eisenbeton hergestellt und vollkommen geschlossen, damit das Kühlwasser von Staub und Asche möglichst rein bleibt. Aus dem Sammelbecken der Kühler fließt das gekühlte Wasser in eine unterirdische Sammelleitung, die gleichfalls zwischen den Kühlerreihen liegt, und gelangt durch fünf Verteilkanäle wieder in die Pumpensümpfe der Kondensatoren (Bild 114). Im normalen Betriebe arbeitet jeder Turbosatz mit dem nächstliegenden Kühler. Aber auch beim gleichzeitigen Ausfallen eines Kühlers und eines nicht diesem Kühler zugeordneten Maschinensatzes kann der Betrieb durch Umschaltung aufrechterhalten werden (Prinzip der distributiven Koppelung). Bemerkenswert hierbei ist, daß die Warmwasserdruckleitungen keinerlei Absperr- oder Schaltorgane enthalten. Alle für die distributiven Umschaltungen notwendigen Apparate (Schieber und Schützen) sind vielmehr auf die Hochrinne zwischen den Kühlern beschränkt. Dadurch vermeidet man die lästigen Störungen, die an Absperrschiebern in großen Wasserrohrleitungen nicht selten einzutreten pflegen.

Sind im besonderen ein Turbosatz und der Kühlturm des benachbarten Satzes außer Betrieb, so kann der betriebsfähige Kühler über den gemeinsamen Pumpensumpf sehr bequem auf den betriebsfähigen Turbosatz geschaltet werden. Die Pumpensümpfe der Turbinen II und III, IV und V (später VI und VII, VIII und IX) liegen nämlich dicht nebeneinander und können durch Hochziehen eines Schiebers miteinander verbunden werden.

b) Die Kühltürme (Bild 98). Abgesehen von Kühler Nr. 5 ist die Bauart aller Kühler dieselbe, es sind Gegenstromkühler (Bauart Balcke). Der Grundriß des Kühlers (Bild 99) ist ein regelmäßiges Zwölfeck; der Mantel besteht aus einem kräftigen Eisengerüst mit innenseitiger

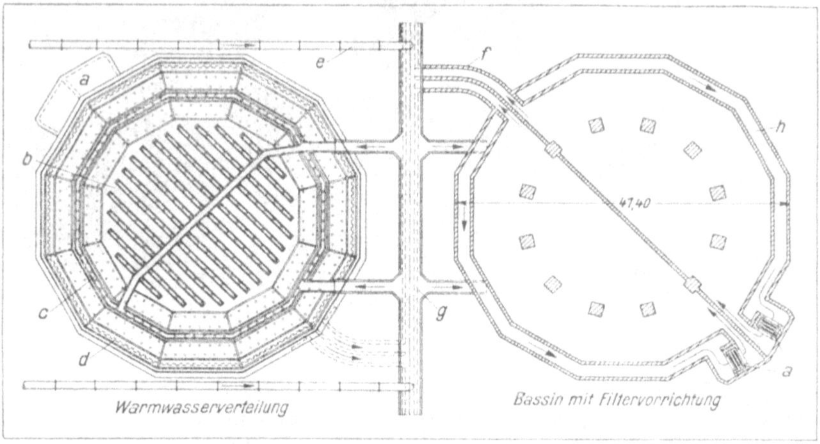

Bild 99. Grundrisse eines Kühlturmes.

a = Filter
b = Rinne für die Gegenstromberieselung
c = „ „ „ Querstromberieselung
d = „ „ „ Berieselung der Filterstäbe
e = Warmwasserzulauf
f = Kaltwasserabfluß
g = Warmwassergerinne
h = Schmutzwasserkanal

Holzverschalung (Bild 100). Alle Holzteile mit Ausnahme der vom Wasser bespülten sind unter Druck und Vakuum mit reinem Karbolineum sorgfältig imprägniert. Aus den Anschlußkanälen fließt das Wasser in ein System von Verteilkanälen, die oberhalb der Rieselanlage angeordnet sind. Der Boden dieser Verteilkanäle ist von kurzen Rohrstücken durchbrochen, durch die das Wasser auf stark verzinkte Spritzteller herabfällt. Die eigentliche Rieselanlage besteht aus wagerechten, um 90° gegeneinander versetzten Lagen von Holzlatten. Sie ist mehrfach unterteilt und jeder Teil einzeln absperrbar, so daß bei Teilreparaturen nicht der ganze Kühler still zu liegen braucht. Das gekühlte Wasser sammelt sich in einem unterhalb des Kühlers angebrachten Betonbehälter. Jeder Kühler ist 30 m hoch und hat einen unteren Durchmesser von 41,4 m. Am oberen Außenrande des Kamins ist eine umlaufende eiserne Galerie mit Fußbodenbelag angebracht. Der in Bild 99 eingezeichnete Staubabscheider wurde nur bei einem Kühler versuchsweise miteingebaut. Die Staubfänger sollen die Verschmutzung des Kühlwassers durch Braunkohlenstaub und Flugasche verhindern; sie bestehen aus senkrechten, versetzt gelagerten Holzlatten, die rund um den Umfang des Kühlers hinter den Eintrittsöffnungen der Kühlluft angebracht sind und mit Wasser berieselt werden. Die eintretende Luft muß an den nassen Wänden unter mehrfacher Richtungsänderung vorbeistreichen und gibt dabei ihre festen Verunreinigungen an das Wasser ab. Das Schmutzwasser sammelt sich

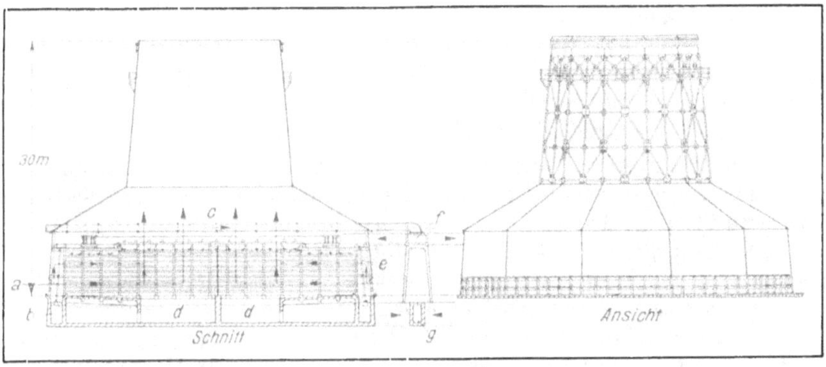

Bild 100. Kühlturm, Schnitt und Ansicht.

a = Luftzutritt
b = Schmutzkanal
c = Warmwasserzulauf
d = Reinwasserbassin
e = Staubabscheider
f = Warmwasser
g = Kaltwasser

in einem Ringkanal, wird durch ein Filter gereinigt und fließt dann gleichfalls in den Kühlwasserbehälter.

Der Kühler 5 stimmt in den Abmessungen und in der Leistung mit den anderen überein; er unterscheidet sich von ihnen nur durch das Material, aus dem er erbaut ist. Das Mantel- und Turmgerüst dieses Kühlers besteht aus Eisenbeton, die einzelnen Felder sind kassettenartig mit dünnen Betonwänden ausgefüllt (Bild 98).

Die Herstellungskosten eines Kühlturms aus Eisenbeton sind zwar größer als die eines gewöhnlichen Turmes. Trotzdem verspricht diese vom Verfasser vorgeschlagene Neukonstruktion größere Wirtschaftlichkeit, da die Unterhaltungskosten der Mantelfläche verschwinden, und die Lebensdauer zweifellos größer ist als bei Holztürmen.

Wenn beim Bau von Kühltürmen weiterhin auch die Holzlatten des Rieselwerks durch ein anderes Material, etwa durch armierte Rohglasstäbe (nach einem Vorschlag des Herrn Dir. Laube, Berlin), ersetzt würden, so sänken die Betriebskosten einer Kühlanlage auf ein Minimum.

2. Die Wasserwirtschaft des Kraftwerks als Ganzes.

a) Überblick. Der Wasserverbrauch des Kraftwerks Fortuna II verteilt sich auf folgende Hauptgebiete:

I. Aufbereitung von Zusatzwasser für den Speisewasserkreislauf.

II. Aufbereitung von Zusatzwasser für den Kühlwasserkreislauf.

Dazu kommen noch als Wasserverbraucher kleineren Umfangs folgende

III. Nebenbetriebe:

a) Feuerlöscheinrichtung,
b) Heizung, Wasch- und Baderäume,
c) Kühlung des Öls der 25 kV-Transformatoren,
d) Kühlung des Öls der 100 kV-Transformatoren,
e) Trink- und Gebrauchswasser.

Hierbei entfällt der weitaus größte Anteil auf das Teilgebiet II. Es ergab sich nach sorgfältigen Berechnungen ein stündlicher Gesamtwasserbedarf von etwa 75 m^3 je Turbine, wobei ein durchschnittlicher Belastungsfaktor von 0,6 vorausgesetzt ist. Der stündliche Höchstverbrauch beträgt also gegenwärtig bei fünf Turbinen etwa 375 m^3, bei Vollausbau mit gleich großen Maschinensätzen wird er 750 m^3 betragen.

Die Beschaffung dieser großen Wassermengen war eine der schwierigsten Aufgaben der Projektierung (Teil I, Abschnitt H). Da auf dem Baugelände keine ausreichenden Wasseradern vorgefunden wurden, und andererseits die Freizügigkeit des Kraftwerks mit Rücksicht auf den Transport der Kohle beschränkt war, so blieb nichts anderes übrig, als das Wasser aus dem grundwasserreichen Erfttal herbeizuschaffen. Aus dem großen, die Erftniederung in der Süd-Nord-Richtung durchfließenden Grundwasserstrom schöpft auch das Wasserwerk des Kreises Bergheim in Sindorf, das u. a. das Kraftwerk Fortuna I mit Wasser versorgt. Für die Wasserversorgung des Kraftwerks II hätten die Einrichtungen des Kreiswasserwerks nicht ausgereicht. Daher entschloß sich das Rheinische Elektrizitätswerk, auf eigene Rechnung ein neues Wasserwerk „Fortuna" zu errichten. Um die Sicherheit der Wasserbeschaffung noch weiter zu erhöhen, hat man außerdem mit den Kreiswasserwerken ein Abkommen getroffen, wonach das Wasserwerk Sindorf als zusätzliche Reserve zwei weitere Wasserpumpen von je 120 l sekundlicher Fördermenge aufgestellt hat. Diese Erweiterung allein kann mit etwa 430 m^3 Stundenleistung bei 50% Reserve gegenwärtig den ganzen Bedarf des Kraftwerks decken.

b) Das Wasserwerk Fortuna. Vorarbeiten. Das eigene Wasserwerk Fortuna liegt in der Erftniederung 750 m südlich des Ortes Kenten. Man entschied sich für dieses Gelände auf Grund sorgfältiger Vorarbeiten. Zahlreiche Bohrungen und Messungen hatten ergeben, daß das Grundstück für die Anlage eines Wasserwerks außerordentlich günstig war. Zur Erforschung der geologischen und hydrologischen Verhältnisse im Fassungsgelände wurden sieben Bohrlöcher (I—VII, Bild 101) und 18 Spiegelbeobachtungsrohre (1—18, Bild 101) niedergebracht. An der mit 15 bezeichneten Stelle wurde ein Rohrbrunnen abgeteuft und einem 21tägigen Pumpversuch unterworfen. Die Bohrlöcher führten durchweg 40 m unter Flur. Bei allen Bohrungen fand sich eine 1 bis 3 m starke Deckschicht von rotem Lehm und sandiger grauer Lette; darunter lagen Schotterschichten (graue und gelbe Kiese und Sande), deren Grund mit

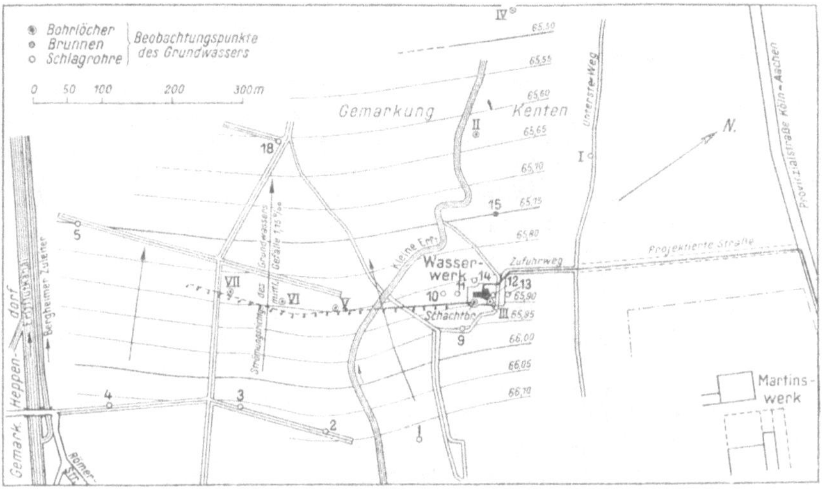

Bild 101. Die Wasserfassung des Wasserwerkes Fortuna.

40 m noch nicht erbohrt war (Bild 102). Diese Schichten dürften in ihren oberen Lagen geologisch dem Alluvium, in den tieferen Lagen dem Diluvium zuzurechnen sein. Tertiärschichten, feine Sande und undurchlässige Tone kamen nicht vor. Etwa 3 km südlich von Kenten, also oberhalb in bezug auf den Grundwasserstrom, wurden früher bei Versuchsbohrungen für das Kreiswasserwerk Schotterablagerungen von 60 bis 70 m Mächtigkeit festgestellt. Da andererseits das Grundwassergefälle in Kenten kleiner ist als in Sindorf und — abgesehen von der verhältnismäßig geringfügigen Wasserentnahme durch das Kreiswasserwerk — an beiden Stellen die gleiche Grundwassermenge durch den Querschnitt fließt, so kann die Mächtigkeit der Schotterschichten in Kenten keinesfalls kleiner sein, als 60 bis 70 m.

Die Durchlässigkeit der Schotterschichten ist günstig. Beim Pumpversuch am Rohrbrunnen 15 wurde eine spezifische Ergiebigkeit (d. h. Ergiebigkeit bei 1 m Spiegelsenkung) von 10 bis 12,5 l/s festgestellt.

Der natürliche Grundwasserspiegel liegt etwa 0,50 m unter Flur; da aber die undurchlässige Lehm- und Letteschicht 1 bis 3 m stark ist, so

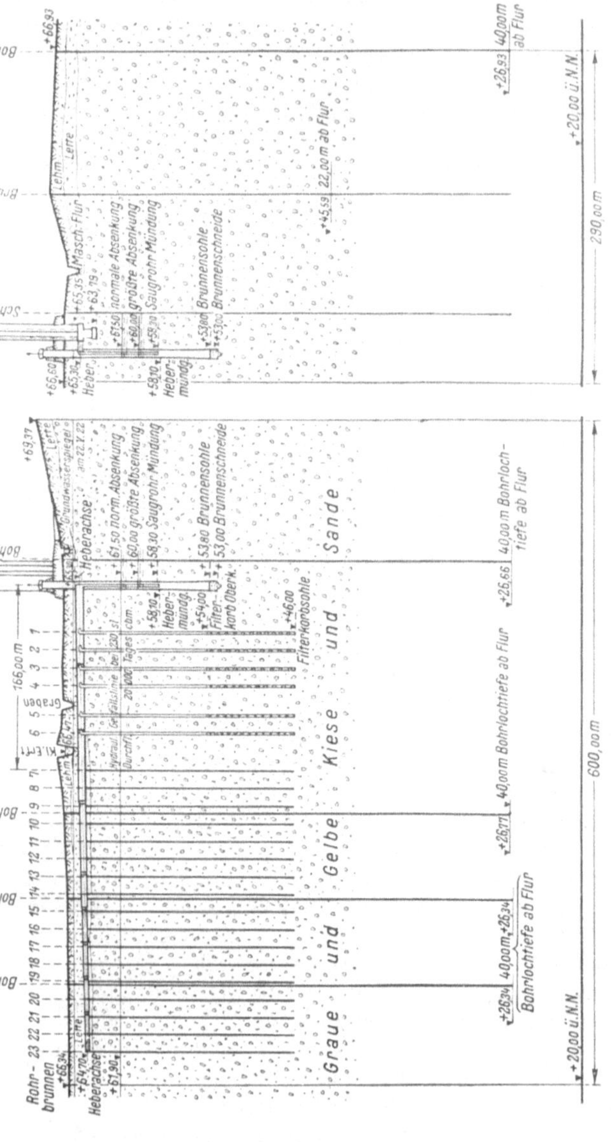

Bild 102. Geologisches Schichtenprofil des Erfttales.

steht das Wasser offenbar mit Spannung unter der Deckschicht und füllt jedenfalls die mehr als 60 m starken Schotterablagerungen vollständig aus. Danach ist der vorliegende Grundwasserstrom ein Vorkommen von ungewöhnlicher Mächtigkeit.

Schließlich hat man mit Sicherheit festgestellt, daß es sich um einen Grundwasser-Strom und nicht um einen stagnierenden See oder um ein Becken handelt. In den Beobachtungsrohren wurden die Höhen der natürlichen Wasserspiegel gemessen und dadurch die Höhenschichtlinien in Bild 101 eingezeichnet.

Der Höhenunterschied zwischen zwei Schichtlinien ist 5 cm. Das mittlere Grundwassergefälle auf dem Erfassungsgelände des Wasserwerks Kenten, ausgewertet zwischen den Beobachtungsrohren 3 und 18, also parallel zur Stromrichtung ist 1,15 ‰.

Durch die hiermit abgeschlossenen Messungen war mit hinreichender Sicherheit nachgewiesen, daß die geologischen und hydrologischen Eigenschaften des Fassungsgeländes den höchsten praktischen Anforderungen entsprechen.

Die Wasserfassung. Die Wasserfassung des Wasserwerks Fortuna in Kenten besteht aus einem in der Nähe des Pumpwerks liegenden Schacht- und Sammelbrunnen und einer Folge von Rohrbrunnen, die durch eine Heberleitung mit dem Sammelbrunnen verbunden sind (Bild 101). Die Rohrbrunnen folgen fast genau der Höhenschichtlinie + 65,85 über N. N. und greifen daher das Grundwasser senkrecht zu seiner Stromrichtung an.

Der erste Ausbau des Wasserwerks entspricht einer größten Fördermenge von etwa 140 l/s = 504 m^3/h, der ein Verbrauch von etwa 375 m^3/h im Kraftwerk gegenübersteht. Bei stärkster Beanspruchung der Wasserfassung mit 140 l/s entfallen auf den Schachtbrunnen 50 l/s, die restlichen 90 l/s auf sechs Rohrbrunnen. Bei Vollausbau des Wasserwerks Fortuna auf eine Förderleistung von 230 l/s wird zur größeren Sicherheit die Leistung des Schachtbrunnens nicht berücksichtigt. Die Lieferung der 230 l/s verteilt sich dann auf 23 Rohrbrunnen, so daß jeder Rohrbrunnen mit 10 l/s belastet ist. Die Beanspruchung ist mit Absicht sehr niedrig gehalten, damit auch bei ungünstigen Verhältnissen die volle Leistung aufrechterhalten werden kann.

Der Rohrbrunnen 1 wurde in etwa 42 m Entfernung vom Sammelbrunnen, also außerhalb von dessen wirksamer Einflußzone, angelegt. Die Entfernung zweier aufeinanderfolgender Rohrbrunnen ist 16 m. Nur bei der Graben- und Erftkreuzung liegen die Rohrbrunnen etwas weiter, nämlich 26 m und 34 m auseinander.

Die Filterkorbsohlen der Rohrbrunnen liegen auf einem Niveau von etwa 46,0 m über N. N. d. h. etwa 20,5 m unter Flur. Die Bauart des Rohrbrunnens geht aus Bild 103 hervor. Der 8 m lange Filterkorb, durch den das Wasser in den Brunnen eintritt, besteht aus tellerartig übereinandergesetzten Filterringen, die dem Wasser eine große Öffnungsfläche darbieten. Der lichte Durchmesser des Filterkorbs ist 200 mm, der äußere Durchmesser 270 mm. Auf dem Filterkorb sitzt ein gußeisernes, asphaltiertes Futterrohr, das in Höhe der Heberachse durch Krümmer an die Heberleitung anschließt. Durch einen Stutzen des Krümmers führt in das Innere des Brunnens ein Meßrohr, das zum Messen des Wasserspiegels und zur Entnahme von Wasserproben dient. Jeder Brunnen kann von der Heberleitung durch einen Schieber abgesperrt werden, dessen Stopfbuchse durch Wasserverschluß gegen Lufteintritt gesichert ist. Vor Inbetriebsetzung wurden die fertig eingebauten Rohrbrunnen durch kräftiges Abpumpen entsandet; hierbei betrug die Entnahmemenge ein Vielfaches der normalen Beanspruchung. Durch das Abpumpen wird aller Sand aus der Umgebung des Filterkorbes abgesaugt, es bildet sich von selbst ein aus allmählich abnehmenden Kiesen bestehendes Filtergerüst, das eine spätere Versandung des Brunnens ausschließt. Die Bauart des Schacht- und Sammelbrunnens geht aus Bild 104 und 105 hervor. Der Brunnen hat einen lichten Durchmesser von 4,25 m bei einer Dicke von 50 cm. Die Brunnenwand ist aus Beton, der obere Kranz in einer Höhe von 3 m in Zementmauerwerk ausgeführt und innen sauber verputzt. Der Wassereintritt erfolgt lediglich durch die Brunnensohle, die zur Verhütung von Sandwirbelungen eine starke

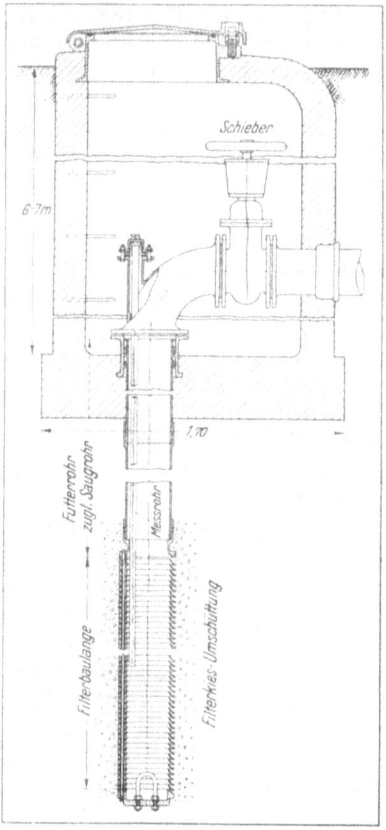

Bild 103. Rohrbrunnen.

Kiesschüttung erhalten hat. Der in den Brunnen eintauchende Schenkel des Heberrohres und die drei zu den Pumpen führenden Saugrohrschenkel sind im Innern des Brunnens auf einer Trägerlage über dem natürlichen Wasserspiegel aufgehängt. Um auch bei niedrigsten Wasserständen ansaugen zu können, liegen die Mündungen dieser Schenkel recht tief, auf Quote 58,3 bzw. 58,1. Bei weiterem Ausbau des Wasserwerks können noch drei Saugrohrschenkel in den Sammelbrunnen eingeführt werden. Der Sammelbrunnen ist mit einer Betondecke verschlossen.

Die normale Absenkung des Wasserspiegels im Sammelbrunnen ist 4,4 m. Bei Vollausbau mit 23 Rohrbrunnen entsteht durch die Wider-

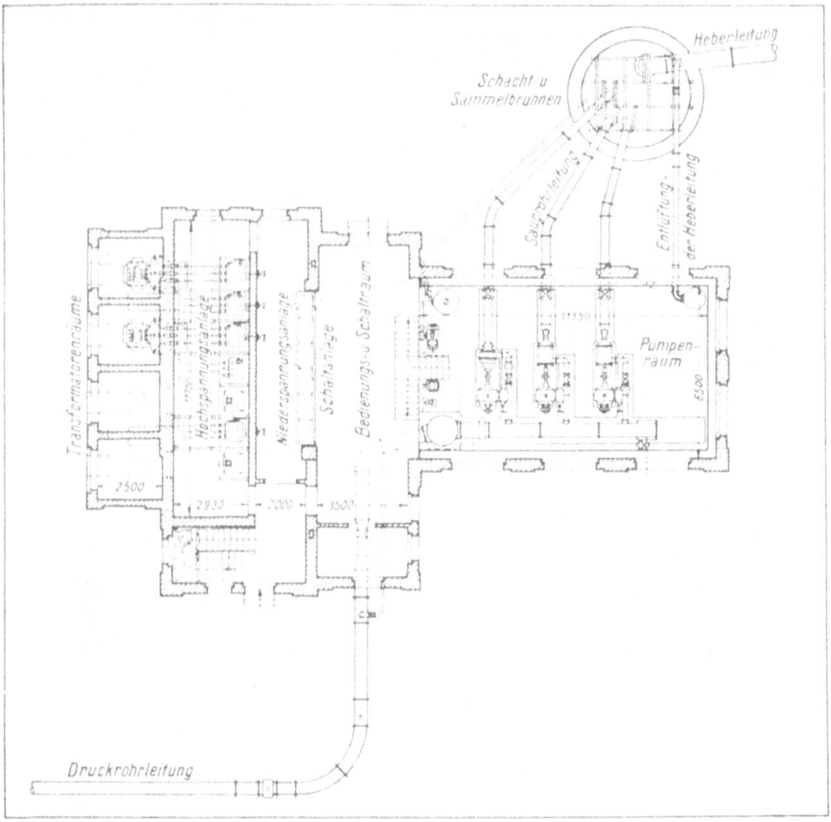

Bild 104. Das Wasserwerk Fortuna. Grundriß.

stände in der Heberleitung eine Widerstandshöhe von etwa 0,4 m, so daß der abgesenkte Spiegel im Rohrbrunnen 23 0,4 m höher liegt, als im Sammelbrunnen. Die Höhenlage des abgesenkten Spiegels im Sammelbrunnen (Quote 61,5) bestimmt die Höhenlage der Pumpen und des Pumpengebäudes.

Das Pumpenhaus. Das Gebäude ist in den Bildern 104 und 105 in Grundriß und Schnitten dargestellt. Es umfaßt den Pumpenraum, einen Bedienungs- und Schaltraum, je einen Raum für die elektrische Niederspannungs- und Hochspannungsanlage und vier Transformatorenzellen; dazu die notwendigen Nebenräume. Die elektrische Energie wird vom Kraftwerk I aus durch eine 15 kV-Freileitung zugeführt. Der Rohrkanal

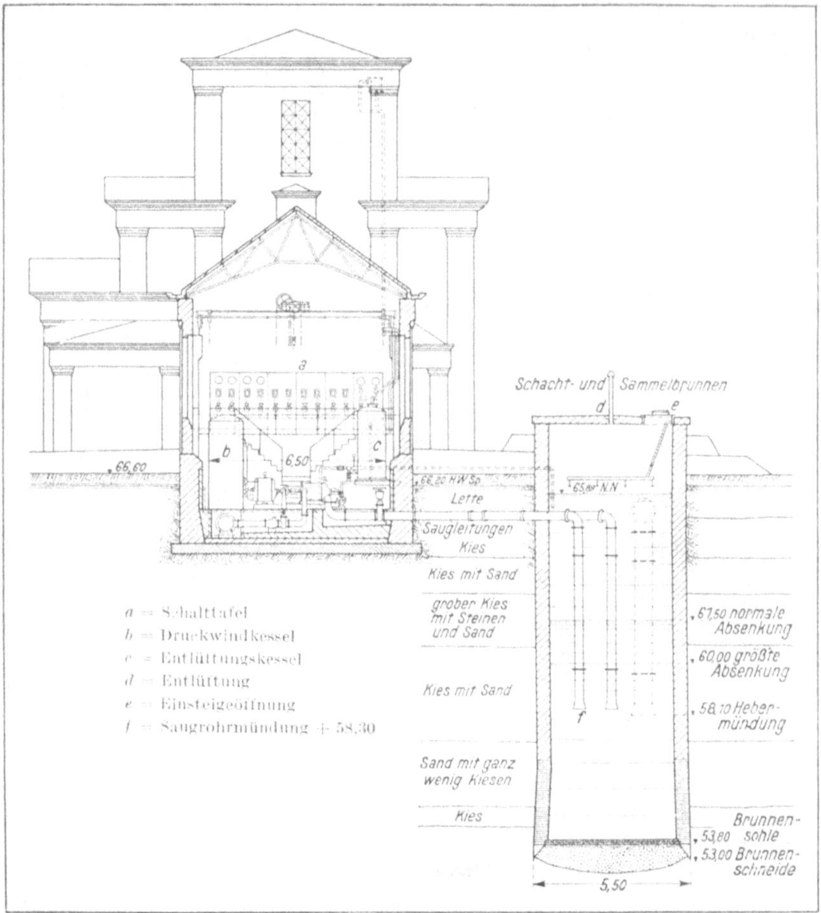

Bild 105. Das Wasserwerk Fortuna. Schnitt.

liegt 1,95 m, der Boden des Pumpenraumes 0,85 m unter dem Hochwasserspiegel der Erft und ist daher in seiner Sohle und bis zur Quote 66,70 in seinen Wandungen wasserdicht ausgeführt.

Im Pumpenraum stehen gegenwärtig drei durch Drehstrommotoren angetriebene Hochdruck-Zentrifugalpumpen mit einer Förderleistung von je 70 l/s. Für die Aufstellung einer vierten Pumpe ist genügend Raum vorgesehen. Zwei Pumpen dienen dem Dauerbetrieb, die dritte gilt als Reserve. Die normale Saughöhe der Pumpen ist 4,5 m, so daß die Pumpenwellen auf Quote 66,0 liegen. Vorübergehend kann die Saughöhe bis auf 6 m gesteigert werden; daher kann man den Betrieb auch bei längerer Trockenheit, bei einem Spiegelrückgang bis zu 1,5 m noch voll aufrechterhalten. Jede Pumpe ist von ihrer Saugleitung durch einen Schieber absperrbar. Die Pumpen sind durch kurze, mit Absperrschiebern und Rückschlagklappen versehene Anschlußrohre an eine Hauptdruckleitung von

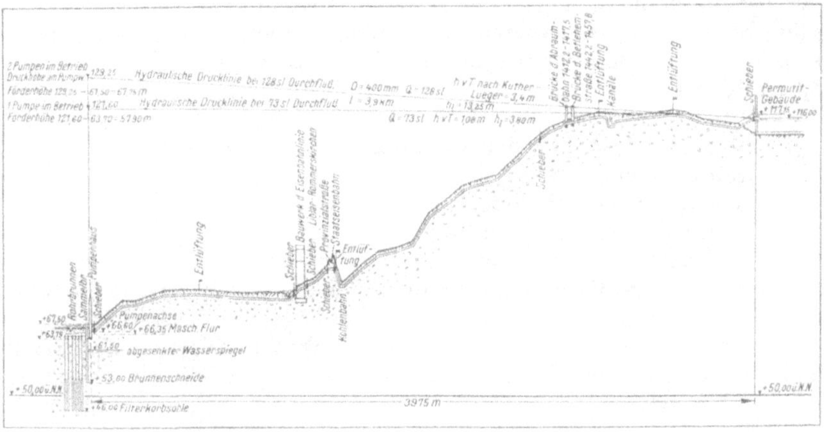

Bild 106. Längenprofil der Wasserleitung vom Wasserwerk zum Kraftwerk.

500 mm lichtem Durchmesser angeschlossen, die in einen Winddruckkessel mündet. Von diesem Winddruckkessel geht die eigentliche Druckleitung aus. Zur Messung der geförderten Wassermenge ist im Kellerraum in die Druckleitung ein großer Venturiwassermesser mit selbsttätigem Registrierwerk eingebaut. Von diesem Instrument aus kann die Durchflußmenge auch im Bedienungsraum an einem Zeiger abgelesen werden.

Die Entlüftung der Heberleitung geschieht durch eine kleine Vakuumpumpe mit vorgeschaltetem Sammelkessel. Zur Belüftung des Druckwindkessels dient ein Kompressor. Das Tropf- und Schwitzwasser wird durch eine kleine Leckwasserpumpe aus den Rohrkanälen entfernt.

Die Druckleitung. Das geförderte Wasser wird vom Wasserwerk durch eine 3975 m lange Druckrohrleitung zum Kraftwerk geführt. Die Führung der Wasserleitung ist in Bild 106 mit stark verkürztem Horizontalmaßstab dargestellt. Die Rohrleitung hat einen lichten Durchmesser von 400 mm und besteht aus schmiedeeisernen, bejuteten, asphaltierten Muffenrohren von 10 m Baulänge. Nur an wenigen gefährdeten Stellen, so bei den Bahnkreuzungen, innerhalb der Bauwerke der Abraumbahn, in der Bethlehemerstraße und außerdem auf dem Gelände des Wasserwerks wurden schmiedeeiserne Flanschrohre verlegt. Der Querschnitt der Leitung genügt für eine stündliche Förderleistung von 500 m³, er ist daher beim Normalbetrieb mit fünf Turbinen und entsprechendem Wasserverbrauch von 375 m³/h mehr als ausreichend. Bei Vollausbau des Kraftwerks wird eine zweite Druckrohrleitung von 400 mm lichtem Durchmesser hinzugefügt. Nur an den obengenannten schwierigeren Stellen lassen sich zwei parallele Rohre schlecht unterbringen. Die dort verlegten Flanschenrohre haben daher einen Durchmesser von 500 mm erhalten, der für die doppelte Fördermenge (etwa 1000 m³/h) ausreicht. Die Anschlußstutzen für den zweiten Rohrstrang wurden bei der Verlegung des ersten Rohres schon vorgesehen. Die in die Leitung eingeschalteten Absperrschieber

am Wasserwerk,
vor dem Bauwerk der Eisenbahn,
hinter dem Bauwerk der Eisenbahn,
vor der Eisenbahnlinie,
zwischen Station 12 und 13 und
vor dem Permutithaus

sind im Längenprofil miteingezeichnet; ebenso die an den Hochpunkten der Leitung angebrachten Entlüfter. Im Zuge der Wasserleitung vom Kraftwerk zum Wasserwerk ist ein Telephonkabel verlegt, so daß Befehle und Meldungen von Werk zu Werk stets augenblicklich übermittelt werden können.

3. Eigenschaften des Wassers; das Permutitverfahren.

Für die Erhaltung der Einheitlichkeit in der Wasserwirtschaft war es wichtig, daß die von den beiden Wasserwerken Fortuna und Sindorf gelieferten Wässer in ihrer Beschaffenheit vollkommen gleichartig sind. Beide Wasserarten können daher ohne besondere Maßnahmen nacheinander oder gleichzeitig derselben Aufbereitung unterworfen und derselben Verwendungsstelle zugeführt werden. Andernfalls wäre die Aufbereitungsanlage erheblich komplizierter und daher auch teurer geworden.

Die äußeren Eigenschaften des Rohwassers sind sehr gut; es ist vollkommen farb- und geruchlos und frei von mechanischen oder organischen Beimengungen oder deren Zersetzungsprodukten. Es ist ferner in hohem Grade keimfrei und kann daher ohne weiteres als Trinkwasser gebraucht werden. Der Eindampfungsrückstand beträgt etwa 0,3 g/l. Die Gesamthärte beträgt 11,8° deutsche Einheiten und setzt sich aus einer Karbonathärte von 10,4° und einer Gipshärte von 1,4° zusammen. Die Härte beruht zum größten Teil auf Kalziumsalzen; Magnesiumsalze sind nur spärlich vertreten.

Bei Erwärmung des Rohwassers treten merkliche Ausscheidungen auf, die sich als harte Steinansätze auf den Metallflächen niederschlagen. Diese Eigenschaft macht das Rohwasser nicht allein für den Kesselbetrieb, sondern sogar für die Kühlung der Oberflächenkondensatoren ungeeignet. Nach kurzem Betriebe mit Rohwasser scheiden sich in den Kühlrohren der Kondensatoren dicke Kesselsteinkrusten ab, die den Wärmeübergang und damit das erzielte Vakuum stark beeinträchtigen. Bevor man daher das Rohwasser den Kondensatoren zuführt, muß es durch ein geeignetes Aufbereitungsverfahren enthärtet werden; man wählte das sogenannte Permutitverfahren.

Bei der Entscheidung für das Permutitverfahren waren wirtschaftliche Untersuchungen und Kostenberechnungen weniger bestimmend, als die guten Erfahrungen, die im Kraftwerk I mit der Permutitanlage während mehrerer Jahre gemacht worden waren.

Die Enthärtung des Wassers nach dem Permutitverfahren beruht auf einer chemischen Umsetzung der Härtebildner Kalziumkarbonat $CaCO_3$ und Kalziumsulfat $CaSO_4$ (bzw. der sauren Salze $CaH_2(CO_3)_2$ und $CaH_2(SO_4)_2$). Das sogenannte „Permutit" ist ein wasserhaltiges Silikat, das u. a. als Basen Aluminium und Natrium enthält und die Fähigkeit besitzt, diese Basen gegen andere auszutauschen. Unter der Einwirkung der Permutitfilter entstehen aus den Härtebildnern die unschädlichen Salze $NaHCO_3$ und Na_2SO_4, die durchaus wasserlöslich sind und daher keine Kesselsteinbildung bewirken können. Gleichzeitig tritt in der Permutitmasse eine Anreicherung an Kalzium ein, die das Permutit nach und nach unwirksam macht. Das Permutitfilter wird dann mit einer starken Kochsalzlösung (NaCl) behandelt; hierbei erfolgt wiederum eine Umsetzung der Basen — nunmehr im entgegengesetzten Sinne —, so daß das Permutit wieder in seinen ursprünglichen Zustand übergeht. Die Permutitmasse ist nach dieser Regeneration wieder voll verwendbar.

4. Die Verteilung des Wassers im Kraftwerk.

a) Überblick. Von den drei Hauptgebieten des Wasserverbrauchs haben wir das Teilgebiet I, die Speisewasseranlage, als selbständiges System schon kennengelernt. Die maschinellen Einrichtungen dieses Systems fanden wir größtenteils im Speisewasserhaus vereinigt.

Die maschinellen Einrichtungen aller übrigen Wasserverbraucher (Teilgebiete II und III) sind im sogenannten Permutithaus zusammengefaßt. Dadurch ist das Permutithaus der Mittelpunkt der ganzen Wasserwirtschaft; hier mündet die vom Wasserwerk kommende Druckleitung, von hier aus wird das Wasser über das ganze Kraftwerk verteilt.

Die Verteilung ist im einzelnen folgende:

Die Verbraucher I, II und III a, b, c (Seite 122) erhalten aufbereitetes, also enthärtetes Wasser. Die Verbraucher III d, e erhalten Rohwasser.

Die Verteilung des enthärteten Wassers geschieht in der durch das Schema Bild 107 angegebenen Reihenfolge.

Der Kühlwasserkreislauf (II) und die Ölkühlanlagen der 25 kV-Transformatoren (IIIc) erhalten vom Permutithause aus frisches Kühlwasser.

Das aus den Ölkühlanlagen abfließende, kaum erwärmte Weichwasser fließt gleichfalls als Kühlwasser in den Kühlwasserkreislauf. Die Warmwasserdruckleitung des Kühlwasserkreislaufs wird unmittelbar hinter dem Kondensator angezapft; es wird warmes Weichwasser in den sogenannten Permutitwarmwasserbehälter gefördert und gelangt von hier aus in die

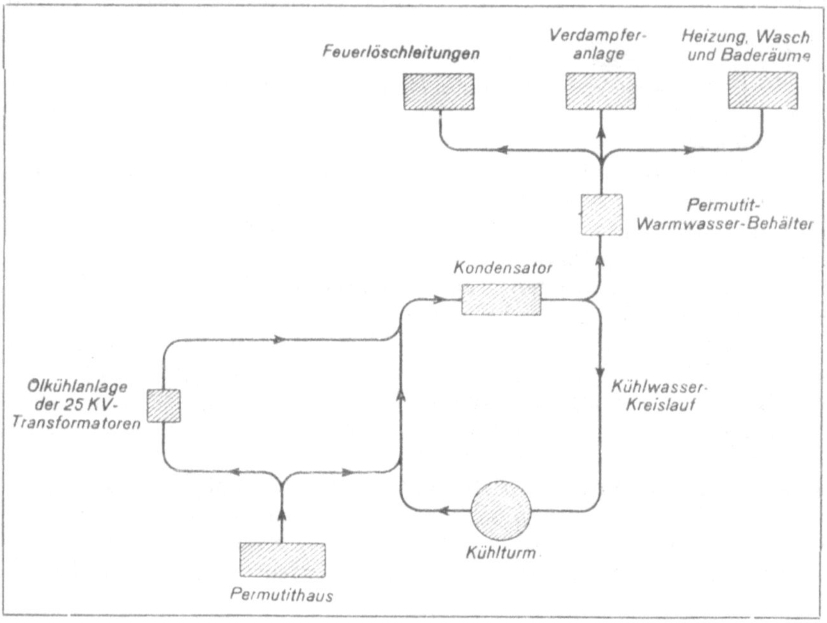

Bild 107. Verteilung des enthärteten Wassers.

Feuerlöschleitungen (IIIa), in die Verdampferanlage (I) oder in die Wasch- und Baderäume (IIIb).

Auch die Verteilung des Rohwassers einerseits in die Ölkühlanlagen der 100 kV-Transformatoren (IIId), andererseits in die Trinkwasserleitung (IIIe) geschieht zentral vom Permutithause aus.

Ein charakteristischer Grundzug des ganzen Kraftwerks ist das Speicherprinzip, das sich in allen seinen Einrichtungen mehr oder weniger deutlich wiederfindet, in der Wasserwirtschaft aber in besonderer Vollkommenheit verwirklicht ist.

Die von den Wasserwerken kommenden Rohwasserleitungen gießen in einem betonierten Rohwasserbehälter von 1850 m³ Inhalt aus. Dieser Behälter nimmt fast den ganzen Kellerraum des Permutithauses ein und dient als Puffer gegen stoßweise eintretende Bedarfsschwankungen und als Reservebehälter für den Fall, daß beide Wasserwerke, das Kreiswasserwerk und das eigene, einmal gleichzeitig versagen. Zur Aufspeicherung von enthärtetem Kühlwasser dienen große, je 2350 m³ fassende Behälter, die unter jedem Kühlturm angelegt sind. Ein Behälter für warmes Permutitwasser steht auf dem höchsten Stockwerk des Turms. Schließlich erinnern wir uns des Reservespeisewasserbehälters (auf dem zweiten Stock-

Bild 108. Das Permutithaus, Ansichten.

werk des Turms), der mit den Speisewasserleitungen ein kommunizierendes System bildet. Das Wasser wird also in allen Stufen der Verfeinerung,

als Rohwasser,
als enthärtetes Kühlwasser,
als warmes, enthärtetes Wasser,
als destilliertes Wasser

in großen Mengen auf Vorrat gehalten. Im ganzen ist der Wasservorrat des Kraftwerks so groß, daß der volle Betrieb 48 Stunden ohne Wasserzufuhr aufrechterhalten werden kann.

b) Das Permutithaus. Das Permutithaus ist in den Bildern 108 und 109 *) in Grundriß, Schnitt und Ansicht dargestellt. Das ganze Hauptgebäude und ein Teil des Anbaues ist unterkellert. Das Kellergeschoß umfaßt drei große Wasserbehälter, deren größter der schon genannte Rohwasserbehälter ist. Ein kleiner Teil des Rohwassers fließt in den kleineren Trinkwasserbehälter. Der dritte Behälter nimmt gebrauchte, aber noch verwendbare Kochsalzlösung auf. Im Erdgeschoß des Hauptgebäudes sind in erster Linie die Permutitfilterkessel untergebracht

*) Tafel nach S. 144.

Bild 110. Die Permutitkessel.

(Bild 110). Zurzeit sind 14 Kessel in zwei zur Achse parallelen Reihen aufgestellt. Jeder Kessel liefert in vierundzwanzigstündigem Betriebe 540 m³ enthärtetes Wasser, wobei eine Regenerationszeit von sechs Stunden mit eingerechnet ist. Die ganze Enthärtungsanlage erzeugt also täglich 7560 m³, mithin durchschnittlich 315 m³ Weichwasser in der Stunde. Bei weiterem Ausbau des Kraftwerks kann die Permutitanlage durch Verlängerung des Gebäudes nach Norden beliebig erweitert werden. Im Erdgeschoß sind außerdem die Pumpensätze untergebracht und zwar:

A. 2 Rohwasserpumpen mit einer Förderleistung von je 150 m³/h,
B. 2 Salzlösungspumpen,
C. 2 Weichwasserpumpen mit einer Förderleistung von je 45 m³/h,
D. 2 Permutitwarmwasserpumpen mit einer Förderleistung von je 150 m³/h,
E. 1 Rohwasserpumpe mit einer Förderleistung von 50 m³/h,
F. 2 Trinkwasserpumpen mit einer Förderleistung von je 15 m³/h,
G. 1 Luftkompressor zur Erzeugung von Druckluft.

Die Pumpen *D* dienen bei Bedarf gleichzeitig als Druckpumpen für die Feuerlöschleitungen.

Bild 111. Salzlager im Permutithaus.

Sämtliche Pumpen werden mit direkter Kupplung von Drehstrommotoren angetrieben.

Der eingeschossige Anbau enthält ein Salzlager. Durch die Achse des Anbaues ist ein normalspuriges Gleis als Abzweig des Ringgleises verlegt, so daß das Salz aus den Eisenbahnwagen unmittelbar an seiner Verwendungsstelle abgeladen wird (Bild 111). Im Anbau stehen außerdem zwei zylindrische, offene Salzlösebehälter (Bild 112). Der Beförderung des Salzes vom Salzlager in die Lösebehälter dient eine elektrische Hängebahn, die auf einer geschlossenen O-förmigen Laufschiene den ganzen Raum befahren kann.

Bild 112. Salzlösebehälter im Permutithaus.

Im Obergeschoß des Hauptgebäudes ist eine Entsäuerungsanlage untergebracht. Sie besteht aus einem Rieselwerk (Bild 113), in dem das zugeführte Rohwasser infolge inniger Berührung mit Luft die freie Kohlensäure ausscheidet. Oberhalb der Rieselanlage im Dachgeschoß des Gebäudes steht ein kleiner Weichwasserbehälter zur Aufnahme des Kühlwassers für die 25 kV-Transformatoren.

c) Wirkungsweise der Permutitanlage. Die Wirkungsweise der Permutitanlage ist folgende: Aus dem tiefliegenden Rohwasserbehälter saugen die Pumpen *A* das Wasser an und fördern es in die Rieselanlage. Das im Unterteil der Rieselanlage gesammelte entgaste Wasser fließt mit natürlichem Gefälle in die Permutitkessel. Das aus den Permutitfiltern austretende, enthärtete Wasser sammelt sich in einer Sammelleitung, die unter Flur in einem Kanal zwischen den Enthärterreihen entlang führt, und wird dann dem Kanalsystem des Kühlwasserkreislaufs zugeführt. Ein Teil des enthärteten Wassers wird durch die Pumpen C in den Weichwasserbehälter gefördert und gelangt von hier mit natürlichem Gefälle in die Kühlbecken der 25 kV-Transformatoren. Jeder

Bild 113. Entsäuerungsanlage im Permutithaus.

Permutitkessel wird nach achtzehnstündigem Betrieb von der Zuleitung des entgasten Rohwassers abgesperrt und sechs Stunden lang einer Durchflutung mit Kochsalzlösung unterworfen. Dadurch wird die

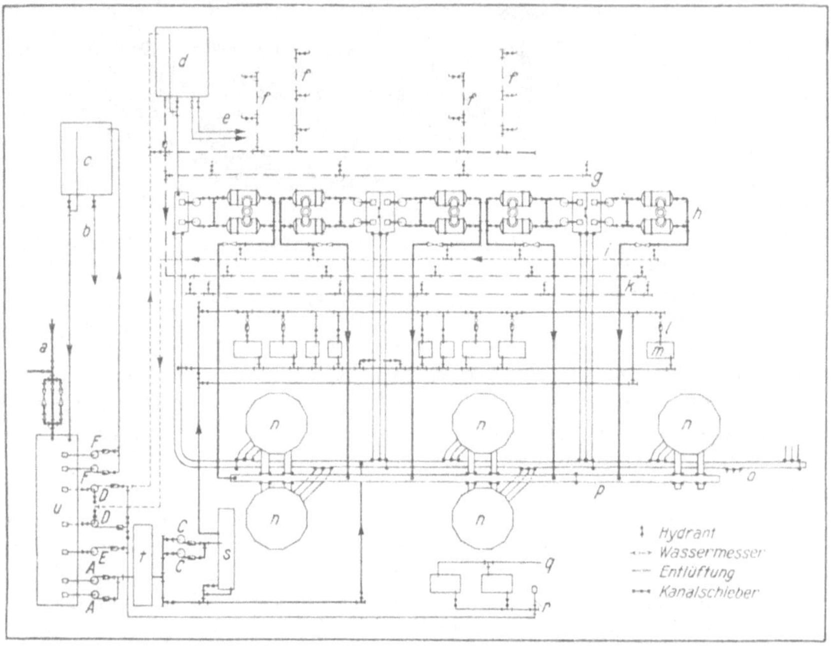

Bild 114. Schematischer Wasserleitungsplan der Verbrauchsgebiete II u. III.

A = Rohwasserpumpen
B = Salzlösungspumpen
C = Permutitwasserpumpen für die Kühlung der 25 kV-Transformatoren
D = Permutitwasserpumpen für das zusätzliche Kondensationskühlwasser
E = Rohwasserpumpe für die Kühlung der 100 kV-Transformatoren
F = Trinkwasserpumpen
G = Luftkompressor
a = Rohwasserdruckleitung
b = zu den Verbrauchsstellen
c = Trinkwasserbehälter
d = Permutitwarmwasserbehälter
e = zur Verdampferanlage
f = Feuerlöschleitungen in den Kesselhäusern
g = Feuerlöschleitung im Maschinenhaus
h = Kondensatoren
i = Permutitwarmwasserleitung zu den Pumpen
k = Feuerlöschleitungen im Schalthaus
l = Kühlwasserleitungen für die Ölkühlanlagen
m = Transformatoren
n = Kühltürme
o = Kühlwasserkanal
p = Warmwasserhochrinne
q = zur Kanalisation
r = 100 kV-Transformatoren
s = Weichwasserbehälter
t = Permutitanlage
u = Rohwasserbehälter

erschöpfte Permutitmasse regeneriert. Die durch Salzfilter gereinigte Salzlösung wird aus dem tiefliegenden Behälter durch die Pumpen *B* in Umlauf gesetzt. Ist sie nach Gebrauch noch verwendbar, so kann man sie in den Sammelbehälter zurückleiten, anderenfalls fließt sie in den Ablauf. Mit der täglichen Regeneration der Permutitfilter verbindet man die Reinigung der Kessel durch Druckluft. Die Salzlösebehälter und Permutitkessel werden außerdem von Zeit zu Zeit mit Frischwasser ausgespült; sie sind zu diesem Zweck unmittelbar an die Druckleitung der Rohwasserpumpen *A* angeschlossen.

d) Wirkungsweise der Nebenbetriebe. Die Wirkungsweise der Nebenbetriebe (III a, b, c) ist folgende:

Unmittelbar hinter den Austrittsstutzen der Kondensatoren zweigen von den Warmwasserdruckleitungen des Kühlwasserkreislaufs Anzapfleitungen ab, die einen kleinen Teil des erwärmten Kühlwassers durch eine besondere Sammelleitung (Bild 114) den Permutitwarmwasserpumpen *D* des Permutithauses zuführen. Die Pumpen *D* fördern das Weichwasser in den Hochbehälter des Turmes. Aus diesem Turmbehälter fließt das Rohwasser für die Destillation des Zusatzspeisewassers mit natürlichem Gefälle in die Verdampferanlage (I). Eine zweite Speiseleitung, die von dem Turmbehälter ausgeht, versorgt die Wasch- und Baderäume des Aufenthaltsgebäudes (IIIb) mit erwärmtem, weichem Wasser. An die Permutitwarmwasserbehälter sind außerdem die Feuerlöscheinrichtungen angeschlossen (IIIa). Eine starke Feuerlöschleitung mit mehreren Abzweigen führt den zahlreichen Hydranten mit starkem Gefälle Löschwasser zu. Im Falle eines Brandes erhalten die Hydranten während der ersten Minuten Wasser in genügender Menge aus dem Inhalt des Hochbehälters. Nötigenfalls können die Warmwasserpumpen *D* unter Umgehung des Turmbehälters unmittelbar auf die Feuerlöschleitungen arbeiten. Zu diesem Zwecke ist die Leistung der Permutitwarmwasserpumpen *D* wesentlich höher gewählt als für die Förderung des normalen Verbrauchs I und IIIb nötig gewesen wäre. Die zur Förderung von Löschwasser vorgesehenen Pumpen erfüllen also auch im produktiven Betriebe wichtige Funktionen. Daraus ergibt sich der doppelte Vorteil, daß die Betriebsfähigkeit der Feuerlöscheinrichtung dauernd unter Kontrolle steht, und daß Kapitalaufwand für unproduktive Anlagen vermieden wird. Falls das vorhandene Weichwasser bei größeren Bränden nicht ausreicht, kann durch einen einfachen Handgriff erreicht werden, daß die Feuerlöschpumpen Rohwasser ansaugen. Eine Überlauf- und Ablaßleitung verbindet den Turmbehälter mit dem Pumpensumpf des Kondensators I.

Die Rohwasserpumpe E fördert das Kühlwasser für die 100 kV-Transformatoren, das nach Gebrauch in die Kanalisation abfließt.

Die Pumpen F speisen den Trinkwasserbehälter, der im dritten Obergeschoß des Turmes 24 m über dem Flur des Kondensatorraumes liegt. Dieser Hochbehälter hat einen Nutzinhalt von 150 m³. Er versorgt durch ein verzweigtes Leitungsnetz sämtliche Gebäude des Kraftwerks mit Trink- und Gebrauchswasser und steht durch eine Überlauf- und Ablaßleitung mit dem Rohwasserbehälter des Permutithauses in Verbindung.

Das Permutithaus ist mit dem Maschinenhause durch einen begehbaren, unterirdischen Rohrkanal verbunden, in dem sämtliche vom Permutithaus in den östlichen Gebäudekomplex führenden Wasser- und elektrische Leitungen vereinigt sind.

Eine Gesamtübersicht über die in diesem Abschnitt behandelten Teile II und III der Wasserwirtschaft (Kühlwasserkreislauf, Nebenbetriebe) bietet Bild 114.

5. Die Meßgeräte der Verbrauchsgebiete II und III.

Die Meßgeräte der Speisewasseranlage haben wir schon kennengelernt. In den übrigen Teilen der Wasserwirtschaft, also im Kühlwasserkreislauf (II) und in den Nebenbetrieben (III), wird gemessen:

a) das vom Wasserwerk Fortuna ins Kraftwerk geförderte Rohwasser (durch einen im Keller des Wasserwerks eingebauten Venturi-Wassermesser),
b) das vom Kreiswasserwerk Sindorf gelieferte Wasser (durch sogenannte Einstrahlmesser, System Meinecke, Eigentum der Kreisverwaltung),
c) die Leistung jedes Permutitkessels (durch Woltmann-Wassermesser in den Weichwasserausflußleitungen jedes Kessels),
d) das im Kondensatorpaar jedes Turbosatzes umlaufende Kühlwasser (durch registrierende Venturimesser in den Warmwasserdruckleitungen).

E. Die elektrischen Einrichtungen.

1. Allgemeines.

a) Die Bestandteile einer Schaltanlage. Das Schaltbild 115 gibt einen Überblick über die elektrischen Einrichtungen des Kraftwerks. Die elektrischen Einrichtungen, unter denen wir hier die in den Schalthäusern untergebrachten Anlagen verstehen wollen, rechnen nach unserer methodischen Gliederung unter die Hilfsbetriebe des Maschinenhauses. Sie haben in der Tat keinen Anteil mehr an den Vorgängen der Energieumsetzung; die letzte Umsetzungsstufe von mechanischer Energie in elektrische ist im Generator erfüllt. Den elektrischen Einrichtungen in den Schalthäusern fällt nur mehr die Aufgabe zu, den erzeugten elektrischen Strom für den Transport „aufzubereiten“, nämlich auf höhere Spannung zu bringen und ihn bei Bedarf zu unterbrechen und wieder einzuschalten. Die wichtigsten Bestandteile der Schalthäuser sind demnach

A. die Transformatoren und
B. die Schalter.

Dazu kommen noch die an dieser Stelle des Kraftwerks besonders wichtigen

C. Meßgeräte,

die den elektrischen Strom seinen Eigenschaften und seiner Menge nach bestimmen sollen. Schließlich gehören in ein Schalthaus die unumgänglichen

D. Schutzeinrichtungen.

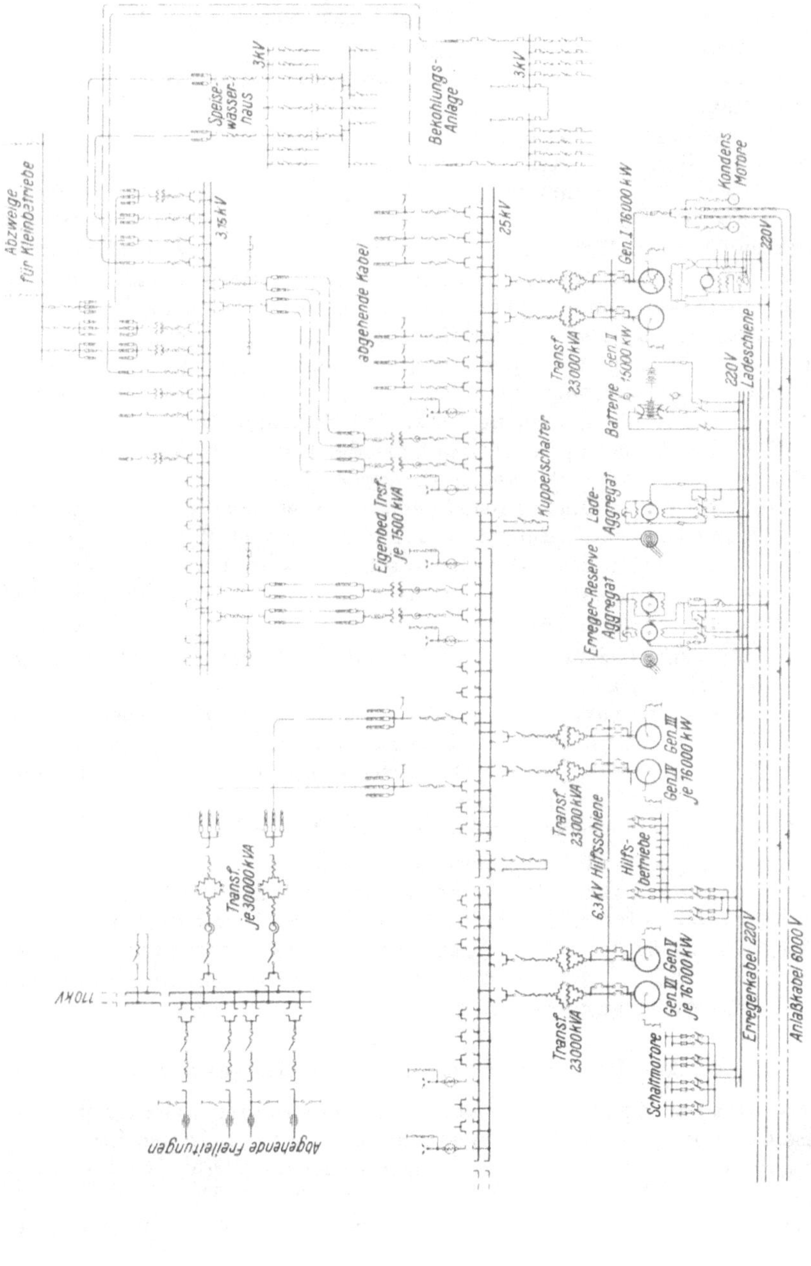

Bild 115 Gesamtschaltbild.

Die Eigenart der elektrischen Energie bringt es mit sich, daß Schutzapparate bei elektrischen Einrichtungen eine viel größere Rolle spielen als bei anderen Formen der Energie.

In diesen vier Gruppen von Einrichtungen sind alle Bestandteile der Schaltanlage enthalten.

b) Die Verteilspannungen. Das Kraftwerk Fortuna II entsendet elektrischen Strom in zwei verschiedenen Verteilspannungen: von 25 kV und 100 kV. Die Spannung von 25 kV ist die Übertragungsspannung für die Kabelleitung von Fortuna nach Köln. Der Energietransport mit dieser verhältnismäßig geringen Spannung ist bei der kurzen Entfernung (20 km) noch durchaus wirtschaftlich. Die näheren Gründe, die zur Wahl dieser Spannung führten, haben wir im ersten Teile schon besprochen. Die Spannung von 100 kV ermöglicht die Parallelschaltung mit benachbarten Kraftwerken, entweder zur gemeinschaftlichen Versorgung eines größeren Wirtschaftsgebietes oder — bei Bedarf — zum Bezug von fremder Energie für das eigene Netz. Die Spannung von 100 kV ist bekanntlich die Einheitsspannung, mit der die Hauptleitungen der meisten deutschen Großkraftwerke betrieben werden.

Die Klemmenspannung der Generatoren ist 6300 V. Jeder der bisher aufgestellten fünf Generatoren ist mit einem Transformator für 25 000 V fest verbunden. Der gesamte Strom wird also unmittelbar auf 25 000 V herauftransformiert. Mit dieser Spannung wird der Strom auf folgende Verbrauchsgebiete verteilt.

1. Hauptspeiseleitung nach Köln (vier voneinander unabhängige Dreileiterkabel),
2. Parallelschaltung mit den 25 kV-Schienen des Kraftwerks I (vier voneinander unabhängige Dreileiterkabel),
3. Transformatoren für 100 kV (zwei Gruppen von je drei parallelgeschalteten Dreileiterkabeln),
4. Eigenbedarfsanlage (Transformatoren 25 000/3150 V).

Die Spannung von 25 kV ist also die Grundspannung des Kraftwerks. Man könnte sie füglich als Quasigeneratorspannung ansehen, da in der Tat jeder Generator mit dem zugehörigen Transformator eine Einheit bildet. Nur die Motoren zum Antrieb der Kondensationspumpen werden unmittelbar von den Klemmen des Generators aus, also mit Strom von 6300 V Spannung gespeist.

2. Die Hilfseinrichtungen der Generatoren.

a) Die Erregerstromanlage. Die Generatoren werden normalerweise durch die angebauten Erregermaschinen erregt. In den Stromkreis der Erregermaschinen sind keine Magnetregler eingebaut; die Spannung wird vielmehr lediglich im Nebenschluß geregelt. Als Reserve für die Erregung ist im Maschinenhaus ein Drehstrom-Gleichstrom-Umformer, der sogenannte Erregerumformer, aufgestellt, der für die dauernde Erregung eines Generators ausreicht. Dieser Umformer speist ein parallel zur Achse des Maschinenhauses verlegtes Kabel, an das jeder Generator angeschlossen ist. Fällt einmal eine Erregermaschine aus, so wird der betroffene Generator auf den Erregerumformer geschaltet. Der Erregerumformer dient zugleich als Reserve für das Gleichstromnetz der Eigenbedarfsanlage.

b) Die Spannungsreglung. Die Spannung der Generatoren wird durch sogenannte Schnellregler geregelt. Die Wirkung dieser Apparate beruht auf einer Beeinflussung der Erregermaschinen durch rhythmisches Kurzschließen eines Teiles ihres Nebenschlußreglers; das Zitterrelais des Schnellreglers wird durch eine Spannungspule so gesteuert, daß immer die Änderung der Erregung der Änderung der Spannung umgekehrt proportional ist. Die Regler sind mit besonderen Einrichtungen versehen, die beim Parallelschalten mehrerer Generatoren das Pendeln der Blindleistung verhüten.

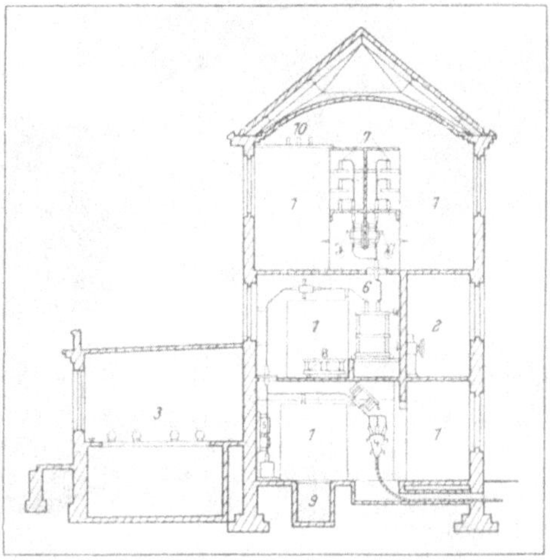

Bild 116. Schnitt durch das 25 kV-Schalthaus

1 = Kontrollgänge
2 = Ölschalter-Bedienungsgang
3 = Kühlschlangenraum
4 = Kabelzelle
5 = Apparatezelle
6 = Ölschalterzelle
7 = Sammelschienenzellen
8 = Transportwagen
9 = Kabelkanal
10 = Hilfssammelschienen 6 kV

3. Die 25 kV-Schaltanlage.

a) Das Gebäude. Das 25 kV-Schalthaus ist in seinem gegenwärtigen Ausbau bemessen für die Aufnahme und Verteilung der Leistung von sechs Generatoren von je 16 100 kW. Es ist 146 m lang und verläuft parallel zum Maschinenhause, von diesem durch einen 10 m breiten Hof getrennt. An der dem Maschinenhaus zugekehrten Seite liegen die Transformatorenkammern mit vorgebauter Verladerampe. Über ein an der Rampe entlangführendes Gleis können die Transformatoren bequem vom Bahnhof in die Zellen und von den Zellen in die Transformatorenwerkstatt gefahren werden. Dazu dient ein besonderer Transportwagen. Das Gebäude hat drei Geschosse (Bild 116). Im Erdgeschoß sind außer den Wandlern für die Spannungs- und Isolationsmessungen vor allem die Zellen für die abgehenden 25 kV-Kabel untergebracht. Im Mittelgeschoß

Bild 117. Übergang vom Maschinenhaus zum Schalthaus.

stehen die Ölschalter, das Obergeschoß hat das Doppelsammelschienensystem und die Trennschalterzellen der Abzweige aufgenommen.

Die Verbindung zum Maschinenhaus vermitteln drei Übergänge, die den Hof in Höhe des Maschinenraumes überspannen (Bild 117 und 118). In diesen Übergängen werden die Hauptstromleitungen als blanke Kupferleitungen von den Generatoren ins Schalthaus geführt. Maschinenraum und Sammelschienenraum liegen auf gleicher Höhe. Besondere Aufmerkkeit wurde der Anordnung der Treppen im 25 kV-Haus geschenkt. Sie sind in geschlossenen, reichlich beleuchteten Treppenhäusern untergebracht und so über das Gebäude verteilt, daß von jeder Stelle eines Bedienungsganges stets eine Treppe ohne Gefahr erreicht werden kann, selbst wenn der Weg in einer Richtung durch Brand oder Lichtbogen gesperrt sein sollte.

b) Die Generatorstromschienen. Jeder Generator ist mit einem Transformator gleicher Leistung fest verbunden. Generator und Transformator bilden eine Einheit, die nicht betriebsmäßig, sondern nur durch Trennschalter bei stillgesetzter Maschine gelöst werden kann. Auch hier ist der Grundsatz der distributiven Koppelung streng durchgeführt. Die ganze Unterspannungsseite durchläuft eine Hilfssammelschiene für 6300 V, die im normalen Betriebe unbenutzt ist; im normalen Betriebe arbeitet jeder Generator mit dem nächstliegenden Transformator. Ist aber in einer dieser Gruppen der Generator, in einer anderen der Transformator außer Betrieb, so können die nicht betroffenen Glieder, der Transformator der einen und der Generator der anderen Gruppe einfach durch Umlegen von Trennschaltern miteinander verbunden werden. Im allgemeinsten Falle darf man auf der Hilfssammelschiene nur eine derartige Umschal-

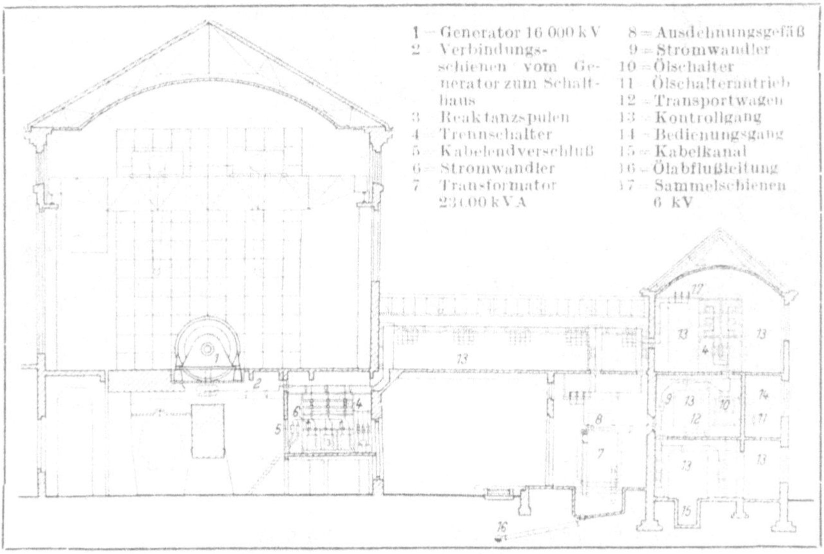

Bild 118. Schnitt durch das Maschinenhaus und 25 kV-Schalthaus.

tung vornehmen. Allerdings läßt sich die Hilfssammelschiene durch Verbindungslaschen in mehrere Abschnitte unterteilen, so daß sie möglicherweise mehrere Umschaltungen gleichzeitig bewältigen kann. Der Verlauf der Hilfssammelschienen an der Decke des Sammelschienenraumes ist in Bild 119 deutlich zu erkennen.

Die Führung der Stromschienen vom Generator ins Schalthaus ist in Bild 118 im Querschnitt dargestellt. Von den Klemmen des Generators führen die Leitungen zunächst in den sogenannten Reaktanzenraum, wo die Leitungen zu den Kondensationsmotoren abzweigen. Sie steigen dann an der Wand des Maschinenhauses senkrecht hoch und verlaufen an der Decke des Übergangs zur Transformatorkammer (Bild 117). Oberhalb der Kammer verzweigen sich die Leitungen; der eine Zweig führt senkrecht abwärts zu den Klemmen des Transformators, der andere zur Hilfssammelschiene. Durch dieselbe Leitung ist auch der Transformator an die Hilfssammelschiene angeschlossen

Bild 119. Gang im Sammelschienengeschoß.
In den Zellen: Hauptsammelschienen 25 kV, an der Decke: Hilfssammelschienen 6 kV.

c) Die Transformatoren. Die Transformatoren haben das Übersetzungsverhältnis 6300/25000 V und arbeiten bei voller Belastung von 23000 kVA und einem Leistungsfaktor $\cos \varphi = 1$ mit einem Wirkungsgrad von 99,03 %. Durch besondere Anzapfungen können außer der Normalspannung auch Spannungen von 26000, 26600 und 27000 V entnommen werden. Die Schaltart ist Dreieck-Sternschaltung.

Die Wicklungen der Transformatoren sind Schablonenwicklungen und bestehen aus flachen Spulen mit nur einer Windung je Lage. Zur Sicherung gegen die mechanischen Wirkungen der Kurzschlußströme sind die Wicklungen nach allen Richtungen fest verspannt. Der Transformator steht in einem Kessel aus starkem Eisenblech, der auf Rädern verschiebbar ist. Die Kühlung der Eisenmassen des Transformators geschieht wie üblich durch umlaufendes Transformatorenöl, das seinerseits wieder in einer besonderen Kühlanlage abgekühlt wird. Da die Ölfüllung jedes Transformators 10,5 t schwer ist, so hat die zugehörige Ölkühlanlage einen recht beträchtlichen Umfang. Sie besteht aus einem System von Rohrschlangen, die in einem betonierten Behälter von enthärtetem Kühlwasser bespült werden, und aus einer umlaufenden Pumpe, die das Öl in Umlauf hält. Die Kühlanlage liegt in einem besonderen Raum neben

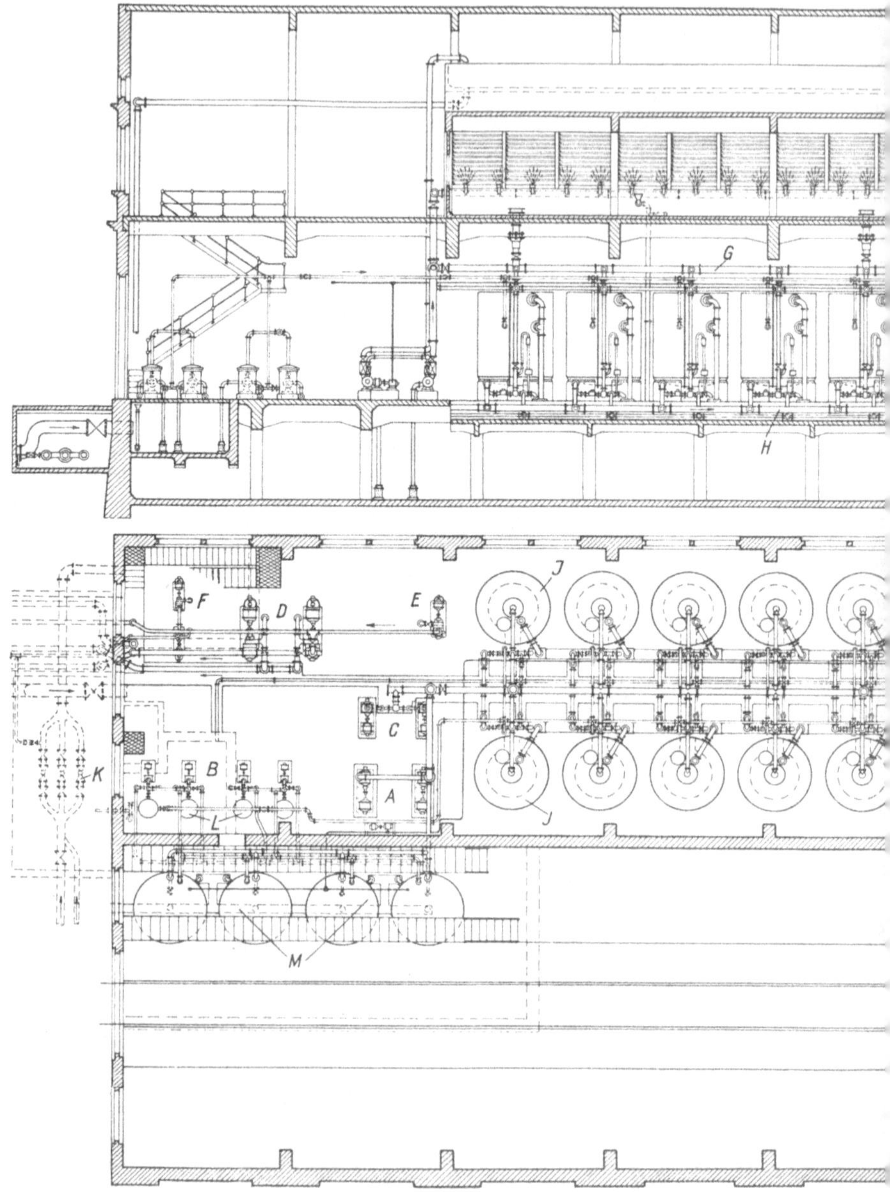
G
H
J
F
D
E
C
K
B
A
L
J
M

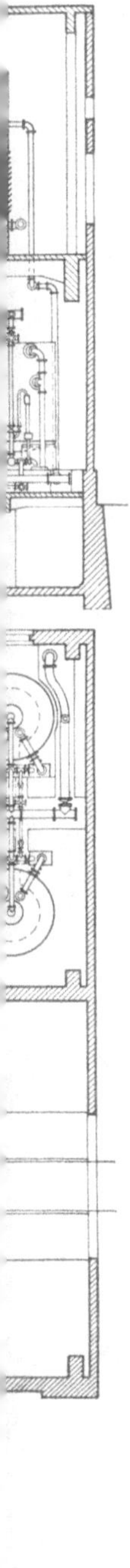

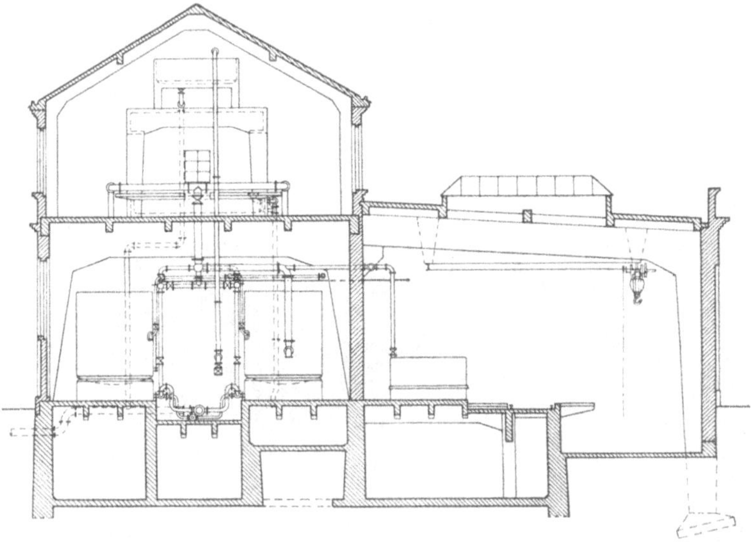

Bild 109. Das Permutithaus. Grundriß und Schnitte.

A = Rohwasserpumpen
B = Salzlösepumpen
C = Weichwasserpumpen
D = Permutitwarmwasserpumpen
E = Pumpe für die 100 kV-Transformatoren
F = Trinkwasserpumpen
G = Rohwasserleitung
H = Weichwasserleitung
J = Permutitfilter

der Transformatorkammer. Der stündliche Kühlwasserverbrauch ist etwa 10 m^3. Nach dem Durchgange durch die Kühlgruben fließt das Permutitwasser in die Kühlwasserkanäle der Kondensatoren ab, es bleibt also dem Kreislauf des Kühlwassers erhalten. Die Veränderungen des Ölvolumens und des Ölstandes im Transformatorkessel (z. B. infolge von Temperaturschwankungen) werden durch Ölausdehnungsgefäße ausgeglichen. Zur Messung der Temperatur des kühlenden Öls sind Quarzglas-Fernthermometer eingebaut, die in der Schaltbühne an einer Skala abgelesen werden Außerdem hat jeder Transformator eine Gefahrmeldeeinrichtung, die bei unzulässiger Temperaturerhöhung des Öls in der Schaltbühne ein Hupensignal ertönen läßt und eine Kennlampe auslöst.

d) Die Hauptsammelschienen. Von den Sekundärklemmen des Transformators führen die blanken Flachkupferleitungen über einen Ölschalter zu den 25 kV-Sammelschienen. Die 25 kV-Hauptsammelschiene ist als Doppelsammelschiene verlegt. Zu jedem Generatorpaar gehört ein Sammelschienenabschnitt, so daß jeder Generator auf ein vollkommen selbständiges Sammelschienensystem arbeiten kann. Gegenwärtig, bei fünf Generatoren, hat die Schaltanlage also drei Abschnitte. An jeder der beiden Trennstellen ist ein kurzer Abschnitt mit einem Kupplungsölschalter eingefügt. Durch diesen Kupplungsschalter können in jedem der angrenzenden Abschnitte oder auch in beiden zugleich die Doppelschienen parallel geschaltet werden (Schaltbild 115). Unterhalb der Sammelschienen liegen in geschützten Zellen die Trennschalter der verschiedenen Abzweige (Bild 119).

e) Die Abzweige. Die zahlreichen nebeneinander liegenden Abzweige bilden folgende Gruppen:

1. in Zuflußrichtung:
   Anschlüsse der fünf Maschinentransformatoren.
2. in Abflußrichtung:
   a) Kabel nach Köln,
   b) Verbindungskabel zum Kraftwerk I,
   c) Verbindungskabel zum 100 kV-Schalthaus,
   d) Anschlüsse zu den Transformatoren der Eigenbedarfsanlage.

Außerdem sind noch einige Zellen zur Aufnahme von Reserveabzweigen vorgesehen. Die obenstehende Aufzählung führt die Verbindungskabel zum Kraftwerk I (2b) als Abzweige in Abflußrichtung auf und kennzeichnet damit den Fall der Energieabgabe des neuen Kraftwerks an das alte als den wahrscheinlich häufigsten. Im umgekehrten Falle — bei Energiebezug — sind die Verbindungskabel unter die Abzweige in Zuflußrichtung zu rechnen. Dasselbe gilt von den Verbindungskabeln zum 100 kV-Schalthaus (2c).

Die Führung der Speiseleitungen von den Maschinentransformatoren zu den Sammelschienen, also die Abzweige 1, haben wir schon kennen-

Bild 120. Bedienungsgang im Ölschaltergeschoß.

gelernt. Wir wollen daher im folgenden unter Abzweigen stets Abzweige in Abflußrichtung verstehen.

f) Die Ölschalter. Sämtliche Abzweige werden durch Ölschalter ein- und ausgeschaltet. Die Ölschalter stehen unmittelbar unter den Abzweigen im Mittelgeschoß des Schalthauses (Bild 116) und gleichfalls in Längsrichtung nebeneinander. Die Ölschalterzellen sind von dem Bedienungsgang durch eine dicke, feuersichere Wand getrennt. Vom Bedienungsgang aus können die Ölschalter durch Handradantriebe betätigt werden (Bild 120). Über jedem Antrieb sind Kontrollampen angebracht, die über den Schaltzustand der Anlage Aufschluß geben. Die Belastung der Abzweigleitungen, besonders die der Kabel, kann gleichfalls im Ölschaltergang an Strommessern abgelesen werden. An der Fußleiste der Außenwand des Bedienungsganges liegen in einem gedeckten Kanal die Meß- und Steuerkabel, deren Klemmleisten in den sogenannten Verteilungsnischen bequem zugänglich sind. Die Verteilungsnischen sind in die Außenwand eingelassen und durch eiserne Türen abgesperrt. Die Ölschalterzellen sind durch einen zweiten Gang zugänglich, den sogenannten Ölschaltergang. Zum bequemen Ein- und Ausbringen der Ölschalter dient ein besonderer, auf Schienen laufender Transportwagen, dessen Höhe gerade dem Sockel der Ölschalterzellen entspricht. Sämtliche Ölschalter der 25 kV-Anlage sind druckfeste Schalter der Serie V. Die Hochspannungszellen sind vom Ölschaltergang durch Drahtgittertüren abgesperrt.

Die aus den Ölschaltern austretenden Leitungen (blanke Rundkupferleitungen) überspannen den Ölschaltergang und werden an der den Transformatorzellen zugekehrten Wand senkrecht nach unten in das Erdgeschoß des Schalthauses geleitet.

g) Die Hauptkabel. Durch das Erdgeschoß des Schalthauses führen wie im Ölschaltergeschoß zwei Gänge, zwischen denen die Zellen der abgehenden Kabel liegen. An der den Transformatorzellen zugekehrten Wand sind ferner die Zellen für Strom- und Spannungswandler und für die Erdungsschalter untergebracht. Die Verlegung der Leitungen quer über den linken Kontrollgang, ihr Anschluß an die Kabelendverschlüsse und die Ausführung der Kabel geht aus Bild 116 deutlich hervor. Vom Kraftwerk Fortuna II führen vier Kabel und vom Kraftwerk Fortuna I ebenfalls vier Kabel für eine Betriebsspannung von 25000 V unmittelbar nach Köln. Die von Fortuna II abgehenden Kabel haben einen Querschnitt von 3×210 mm². Die vier von Fortuna I nach Köln führenden Kabel und die Verbindungskabel mit Kraftwerk II haben einen Querschnitt von je 3×120 mm². Zusammengefaßt dienen für die Übertragung der elektrischen Arbeit nach Köln vier Kabel von je 3×210 mm² und vier Kabel von je 3×120 mm² Kupferquerschnitt.

Jedes dieser Kabel ist mit einer besonderen Schutzeinrichtung versehen, durch die es an beiden Enden selbsttätig abgeschaltet wird, sobald durch Kurzschluß, Erdschluß oder Leiterbruch eine Störung eintritt. Im Falle eines Schadens wird nur das kranke Kabel stromlos, so daß die Störung keinesfalls auf unbeschädigte Leitungen übergreifen kann. Bei den vier Kabeln von je 3×120 mm² Querschnitt ist der Differentialschutz (System Merz-Price) angewandt, der sich bei diesen Kabeln seit etwa 13 Jahren in den meisten Fällen gut bewährt hat. Nur bei weit vom Kraftwerk entfernten Kabelfehlern hat der Differentialschutz in einigen Fällen insofern versagt, als auch benachbarte, gesunde Kabel mit abgeschaltet wurden. Daher wurden zwei weitere Kabel (3×210 mm²) Fortuna II—Köln) mit andern Kabelschutz-Systemen ausgerüstet, und zwar das eine mit Lyproschutz (Lyne-Protectie) Bild 121, das andere mit Pfannkuchschutz. Es kann sich erst im längeren Betriebe herausstellen, welches der drei genannten Systeme den Vorzug verdient.

Durch die Verbindungskabel mit Kraftwerk I können die Generatoren des Kraftwerks II nötigenfalls auch die von Fortuna I nach Köln führenden Kabel speisen.

Bemerkenswert sind die zur Überwachung der Kabelstrecken eingeführten Kabelbücher. Die erste Seite eines solchen Kabelbuches ist in Bild 122 wiedergegeben. Hat man bei einem Kabelschaden nach dem bekannten galvanometrischen Verfahren oder auf andere Weise die Entfernung der Fehlerstelle von dem einen oder dem anderen Ende des Kabels ermittelt, so kann man aus den Längenangaben des Kabelstreckenbuches die in Frage kommende Muffe ohne weiteres ablesen. Die Lage der Muffen ist durch kleine Muffenskizzen (Bild 123) festgehalten. Der Vordruck enthält außerdem besondere Angaben über die Verlegung, die Namen der Monteure und andere wertvolle Anhaltspunkte.

Bild 121. Kabelschutz, System Lypro.

Durch dieses kleine Hilfsmittel ist die Auffindung einer Fehlerstelle ungemein erleichtert. Die Kabelstreckenbücher, die nach Vorschlägen des Verfassers zuerst in den Kraftwerksbetrieben — so auch im Elektrizitätswerk Westfalen, Bochum — eingeführt wurden, haben sich in Großkraftwerken guten Eingang verschafft.

4. Die Eigenbedarfsanlage.

a) Allgemeines. Die Sicherheit der Energieerzeugung eines Kraftwerks ist in hohem Grade bedingt durch die Betriebssicherheit der Hilfsbetriebe. Ein Versagen wichtiger Hilfsbetriebe, z. B. der Kohlentransportanlage, der Kesselspeisepumpen oder anderer, bringt die Turbogeneratoren nach einiger Zeit unweigerlich zum Stillstand. Daher muß die Stromversorgung der Nebenbetriebe unbedingt sichergestellt werden. Die Eigenbedarfsanlage darf keinesfalls vom Betriebszustande der Hauptanlage abhängig sein. Man neigt daher mehr und mehr dazu, die Eigenbedarfsanlagen der Kraftwerke durch Aufstellen besonderer kleinerer Turbogeneratoren ganz von der Hauptanlage zu trennen. Im Kraftwerk Fortuna II durfte man von dieser Sicherheitsmaßnahme ohne Risiko absehen. Da die beiden Kraftwerke I und II durch die 25 kV-Anlage und nötigenfalls auch durch eine 3 kV-Anlago miteinander verbunden werden können, so bilden sie untereinander eine ausreichende Reserve.

b) Die Verteilspannungen. Die Stromverteilung in der Eigenbedarfsanlage geschieht mit folgenden Spannungen:

A. 3150 V für die wichtigsten, großen Motoren (Speisepumpenantriebe, Erregerumformer u. a.),
B. 6300 V für die Reserveanschlüsse an die Kondensationsmotoren,
C. 220 V Drehstrom für die Mehrzahl der motorischen Antriebe und den größten Teil der Lichtinstallation,
D. 220 V Gleichstrom für die Reserveerregung, für den Antrieb der Schaltmagnete und Schaltmotoren und für einen kleinen Teil der Lichtinstallation.

Die Hauptverteilspannung der Eigenbedarfsanlage im Kraftwerk I ist 3150 V. Zur Erleichterung des Parallelschaltens wurde diese Spannung auch für die Eigenbedarfsanlage des Kraftwerks II gewählt. Der ganze für den Eigenbedarf benötigte Strom wird zunächst von 25000 auf 3150 V transformiert. Daher war es zweckmäßig, die wichtigsten Antriebe mit Hochspannungsmotoren unmittelbar für 3150 V auszurüsten (A). Andererseits war die Spannung der Kondensationsmotoren durch die Generatorspannnng (= 6300 V) festgelegt (B). Der Strom für die Kondensationsmotoren wird daher durch vorgeschaltete Transformatoren mit d.m Übersetzungsverhältnis ½ erst auf 6300 V gebracht. Der größte Teil des Eigenverbrauchs arbeitet mit 220 V (C). Die Energieverteilung der Eigenbedarfsanlage läßt sich also durch folgendes Spannungsschema darstellen:

I. 25 000 V Hauptanlage
↓
II. 3 150 V Sammelschienen Eigenbedarf
↙ ↓ ↘ ↘
III. 3150 V A. | 6300 V B. | 220 V Dr. C. → 220 V Gl. D.

c) Die Transformatoren. Die Umformung I—II, von 25000 auf 3150 V, übernehmen vier Transformatoren mit einer Leistung von je 1500 kVA. Diese Eigenbedarfstransformatoren stehen, wie die Maschinentransformatoren, in besonderen Zellen, die dem Schalthause an der dem Maschinenhause zugekehrten Seite vorgebaut sind. Sie sind über je einen Ölschalter an das 25 kV-Sammelschienensystem, und zwar an zwei verschiedene Abschnitte des Systems angeschlossen. Die Abzweige entsprechen genau den von den Haupttransformatoren zu den Sammelschienen geführten Speiseleitungen (bis auf den umgekehrten Richtungssinn).

d) Die 3 kV-Sammelschienen. Für die Sammelschienen, Abzweige und Ölschalter der Eigenbedarfsanlage ist im 25 kV-Schalthaus

Rheinisches Elektricitätswerk
im Braunkohlenrevier Aktiengesellschaft, Köln.

Kabellängenverzeichnis

Kabelstrecke: Zentrale – Schalthaus I

Hochspannungs – Kabel X 25000 Volt; Querschnitt: 3 × 210

Strecke von	bis	Länge mtr.	Gesamtlängen durchlaufd. mtr.	Gesamtlängen rücklaufd. mtr.	Muffe No. (rücklaufd.)	Bemerkungen
Zentrale –	Muffe 1	198,32	198,32	1683,09	Zentrale	
Muffe 1 –	Muffe 2	199,52	397,84	1484,77	1	
" 2 –	" 3	196,48	594,32	1285,25	2	
" 3 –	" 4	200,80	795,12	1088,77	3	
" 4 –	" 5	202,00	997,12	887,97	4	
" 5 –	" 6	198,00	1195,12	685,97	5	
" 6 –	" 7	200,85	1395,97	487,97	6	
" 7 –	" 8	200,35	1596,32	287,12	7	
" 8 –	Schalthaus I	86,77	1683,09	86,77	8	

Bild 122.

Rheinisches Elektricitätswerk
im Braunkohlenrevier Aktiengesellschaft, Köln.

Muffenlage.

Kabelstrecke: *Zentrale — Schalthaus I*

Hochspannungs- Muffe Nr. *1* Kabel Nr. *X*

Querschnitt des Kabels: *3×210*

Muffenmodell Nr.: *G* Muffenfirma: *F. u. G*

Kabelfirma *F. u. G* (Länge von Muffe *1* bis Muffe *2* = *199,52*)

Neuanlage, ~~Reparatur~~ (nicht Zutreffendes zu durchstreichen)

Monteur *Müller* Hilfsarbeiter: *Esser*

Datum: *27. 4. 1924.* Witterung: *gut*

Skizze:

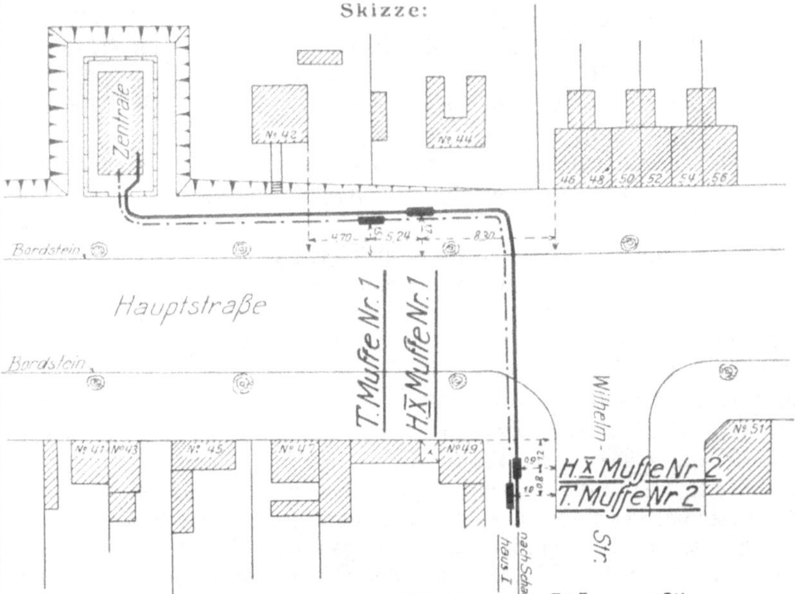

Köln, den *5. 5.* 19*24*.

Für die Richtigkeit: ....

Tiefbau und Vermessungsabt. des R.E.W.

Bild 123.

der hinter der Schaltbühne liegende Teil des Mittel- und Erdgeschosses frei gehalten. Die Sammelschienen der Eigenbedarfsanlage sind — wie die der Hauptanlage — Doppelsammelschienen mit mehrfacher Unterteilung; sie liegen im Mittelgeschoß des Gebäudes. Die Eigenbedarfsanlage ist räumlich zergliedert. Selbständige Abschnitte ihrer Hauptverteilung sind im Speisewasserhaus und im Brecherhaus untergebracht. Diese Dezentralisierung vermindert die Energieverluste durch Leitung und erhöht die Betriebssicherheit. Man kann diese Abtrennung von Teilen der Eigenbedarfsanlage auffassen als Unterteilung der 3 kV-Schienen im weiteren Sinne. In unserem Schema wollen wir sie einfach als Abzweige betrachten.

e) Die Abzweige. Die Abzweige von dem 3 kV-Sammelschienensystem der Eigenbedarfsanlage zerfallen demnach in folgende Gruppen:

1. in Zuflußrichtung
   Anschlüsse der vier Eigenbedarfstransformatoren 25000/3150 V (Umformung I—II).
2. in Abflußrichtung
   a) Anschluß an die Erregerumformer (Umformung II—III D),
   b) Reserveanschlüsse an die Kondensationsmotoren (Umformung II—III B),
   c) Anschlüsse an die Transformatoren 3150/220 V (Umformung II—III C),
   d) Speiseleitungen zu der Eigenbedarfsanlage des Brecherhauses,
   e) Speiseleitungen zu der Eigenbedarfsanlage des Speisewasserhauses.

Dazu kommen noch eine Reihe ausbaureifer Reserveabzweige. Sämtliche Abzweige sind als Kabel verlegt und können betriebsmäßig, also durch Ölschalter, geschaltet werden. Die Ölschalter und Kabelzellen der Eigenbedarfsanlage stehen im Erdgeschoß des 25 kV-Schalthauses. Innerhalb des Schalthauses verlaufen die Kabel in einem betonierten, sauberen Kabelkanal (Bild 116).

Die Gleichstromanlage. Der Erregerumformer als Reserve für die Erregung der Generatoren war bereits besprochen. Er dient aber gleichzeitig als Reserve für die ganze Gleichstromanlage. Die Aufgabe der Gleichstromanlage ist es, für Schaltmagnete und Schaltmotoren, für die Signal- und Sicherheitseinrichtungen der Schaltanlage eine selbständige, von den Sammelschienen der Hauptanlage unabhängige Stromquelle zu schaffen. Denn gerade bei einer Betriebsstörung in der Hauptanlage, bei stark sinkender oder ausbleibender Sammelschienenspannung sind zuverlässige Schalt- und Signaleinrichtungen am nötigsten. Der Hauptbestandteil der Gleichstromanlage ist daher eine Akkumulatorenbatterie mit einer Kapazität von 234 Ah, die durch einen kleinen Drehstrom-Gleichstrom-Umformer von 25 kW aufgeladen wird. Die Batterie ist ausreichend, um die Antriebe mehrerer 25 und 100 kV-Ölschalter gleichzeitig zu speisen. Außerdem sind an die Batterie noch einige besonders wichtige Lichtstromkreise und kleinmotorische Antriebe (Drehzahl-Verstellvorrichtung der Turbinen u. a.) angeschlossen. Das Kraftwerk wird also auch bei gänzlichem Ausfallen der Hauptanlage nicht völlig stromlos.

Von der Anlage einer Reservebatterie und eines zweiten Ladeumformers durfte man absehen, da der Erregerumformer nötigenfalls als Reserve auf die Gleichstromschienen geschaltet werden kann. Die Gleichstrommaschine des Umformers ist zu diesem Zweck durch Aufbringen einer Compound-Wicklung für die Belastungsstöße des Gleichstromnetzes geeignet gemacht. Aus demselben Grunde wurde sie mit einer kleinen Hilfserregermaschine ausgerüstet.

Die Kondensationsmotoren. Zwei Abzweige der 3 kV-Sammelschienen führen zu zwei Transformatoren von je 300 kVA Leistung mit einem Übersetzungsverhältnis 3150/6300 V und verlaufen als sogenannte Anlaßkabel parallel zur Achse durch das ganze Maschinenhaus. An jedes dieser Anlaßkabel sind die Pumpensätze der Kondensatoren durch kurze Abzweige angeschlossen.

Die 220 V-Anlage im Schalthaus. Für die Speisung der 220 V-Motoren und die Lichtinstallation der Schalthäuser, des Maschinenhauses und des Permutithauses sind in der Eigenbedarfsanlage des Schalthauses 3 Transformatoren von je 400 kVA Leistung aufgestellt. Die Verteilung geschieht durch eine elffeldrige Schalttafel hinter der Schaltbühne.

Die Unterstation im Speisewasserhaus. Zwei weitere Abzweige der 3 kV-Sammelschienen führen als Doppelkabelleitungen zur Eigenbedarfsanlage des Speisewasserhauses, wo sie eine dreifach unterteilte 3 kV-Sammelschiene speisen. Drei Abzweige dieser Sammelschiene, je einer von jedem Abschnitt, führen zu drei Transformatoren von je 500 kVA Leistung mit einem Übersetzungsverhältnis 3150/220 V. Von einer 220 V-Verteilungstafel aus werden das Speisewasserhaus, die Kesselhäuser und das Entaschungsgebäude mit Niederspannung versorgt. Vier weitere Abzweige speisen unmittelbar die mit 3 kV arbeitenden Antriebsmotoren der Kesselspeisepumpen.

Die Unterstation im Brecherhaus. Schließlich führen zwei Abzweige der 3 kV-Sammelschienen als Kabelleitungen zu der Eigenbedarfsanlage des Brecherhauses. Die 3 kV-Sammelschiene dieser Eigenbedarfsanlage ist in zwei Abschnitte unterteilt, die mit je vier Abzweigen die Motoren der Kohlenaufbereitung (Stachelwalzen) und der Transportanlagen (Kettenbahn und Förderbänder) speisen.

Bei den Unterstationen der Eigenbedarfsanlage im Speisewasserhaus und dem Brecherhaus wurde nach Möglichkeit gekapseltes Schaltzeug verwendet; die Schalteinheiten sind in gußeiserne Kästen eingeschlossen und lassen sich daher in den Betriebsräumen selbst unterbringen.

5. Die 100 kV-Schaltanlage.

a) Das Gebäude. Das 100 kV-Schalthaus (Bild 124 und 125) liegt an der Nordwestecke des Grundstückes mit der Achse senkrecht zu der des Maschinenhauses und des 25 kV-Schalthauses. In seinem gegenwärtigen Ausbau ist es bemessen für die Aufnahme von zwei Transformatoren von je 30 000 kVA und der zugehörigen Schalteinrichtungen. Es ist etwa 20 m breit und 50 m lang und kann nach Norden hin beliebig erweitert werden. Im Süden schließt sich an das Gebäude eine Transformatorenwerkstatt mit Ölkocherei an. Die Transformatorenkammern liegen an der vorderen, also östlichen Seite; ihnen ist eine Verladerampe besonderer Art vorgebaut (Bild 132). Auch die Ölschalter stehen in besonderen, von außen zugänglichen Zellen im Erdgeschoß, und zwar an der Hinterseite des Hauses. Ein Mittelgang (Bild 126) führt im Erdgeschoß zwischen den Transformatorkammern und Ölschalterkammern durch die Achse des Gebäudes. Seine Decke ist von großen Öffnungen durchbrochen. Im Obergeschoß sind im Mittelteil über dem Mittelgang hängend die Trennschalter und an der hinteren Längswand die Zellen für die Ausführungen der Freileitungen untergebracht. Zwischen den Freileitungszellen und den Trennschaltern einerseits und zwischen den Trennschaltern und der Ostwand andererseits (Bild 127) verlaufen helle, geräumige Kontrollgänge.

Bild 124. Das 100 kV-Schalthaus.

Die Anlage eines durch zwei Stockwerke reichenden Mittelganges und die Aufhängung der Trennschalter ist bemerkenswert. Die Öffnungen in der Decke ermöglichen es, die Stellung der Trennschalter vom Erdgeschoß aus bequem zu überblicken. Da andererseits die Ölschalterstellung im Kontrollgang durch Kennlampen angezeigt wird, so kann man sich mit einigen Schritten über den Schaltzustand der ganzen Anlage unterrichten.

Auf dem dritten Obergeschoß verlaufen parallel zur Achse des Gebäudes rechts und links Doppelsammelschienen. Durch die Achse des Gebäudes unter der Sohle des Mittelganges verläuft ein geräumiger Kabelkanal, der gleichzeitig zur Lüftung dient.

Auf sorgfältige Lüftung des Gebäudes mußte aus betriebstechnischen Rücksichten die größte Sorgfalt verwendet werden. In Schalthäusern für Höchstspannung ist streng darauf zu achten, daß das Feuchtwerden der Isolatoren durch Tropf- und Schwitzwasser unbedingt vermieden wird. Nach den bisherigen Erfahrungen erreicht man dies nicht so sehr durch Heizen als vielmehr durch geregelten Luftumlauf. Vom Einbau einer Heizung wurde daher vorläufig abgesehen. Sollte sich aber das Fehlen

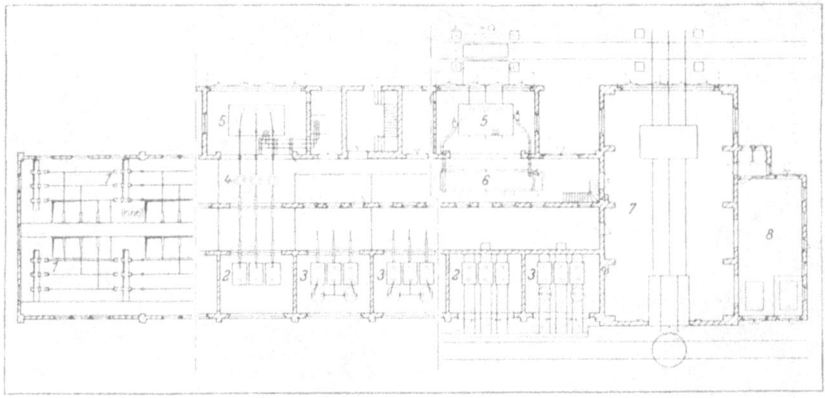

Bild 125. Grundriß des 100 kV-Schalthauses.

1 = Sammelschienen
2 = Ölschalter
3 = Ölschalter mit Spannungswandler
4 = Drosselspulen
5 = Transformator
6 = Kühlschlange
7 = Werkstatt
8 = Ölkoch- und Reinigungsraum

einer Heizung als nachteilig erweisen, so kann ohne besonderen Aufwand eine Warmluftheizung nachträglich angelegt werden. Die nötigen Warmluftkanäle sind im Mauerwerk schon vorgesehen.

Auch im 100 kV-Haus sind die Treppen so angelegt, daß man von jedem Punkte der Anlage aus noch unbeschädigt ins Freie gelangen kann, selbst wenn einer der Gänge nach einer Richtung hin durch Lichtbogen oder Stichflammen versperrt sein sollte. Alle ölführenden Teile der Anlage, Ölschalter und Transformatoren, sind feuer- und qualmsicher von den übrigen Teilen abgeschlossen.

b) Die Verbindungskabel. Die Verbindung der 100 kV-Anlage mit der 25 kV-Hauptanlage des Kraftwerks geht aus dem Teilschaltbild (Bild 128) hervor. Die beiden von den Hauptsammelschienen der 25 kV-Schaltanlage ausgehenden Abzweige führen als dreifache Kabelleitungen in die Transformatorenzellen des 100 kV-Hauses. Jedes der drei parallel geschalteten Kabel jedes Abzweiges hat einen Querschnitt von 3×210 mm². Jeder Abzweig überträgt 30000 kVA. Insgesamt können demnach 60000 kVA, also ungefähr die Leistungen dreier Generatoren, durch

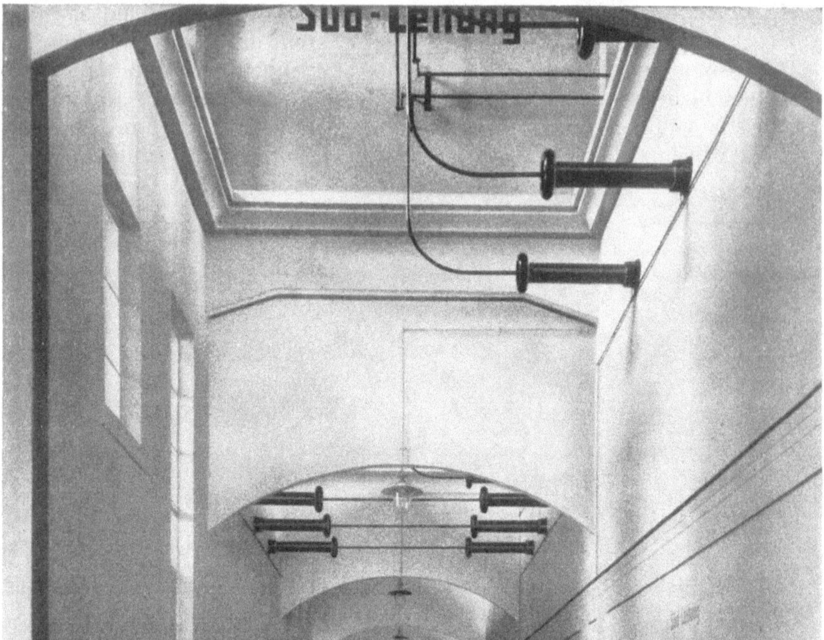

Bild 126. Mittelgang im 100 kV-Schalthaus.

Bild 127. Trennschalter für 100 kV.

die 100 kV-Anlage verteilt werden. Die Abzweige zur 100 kV-Anlage werden, wie alle anderen Abzweige betriebsmäßig durch Ölschalter geschaltet. Die Kabel lassen sich außerdem beiderseitig durch dreipolige Trennschalter abtrennen. Die dem Transformator vorgeschalteten Trennschalter und die Kabeleinführungen sind im Bild 133 deutlich zu erkennen.

c) Die Transformatoren. Die beiden Transformatoren haben ein Übersetzungsverhältnis von 25000/104000 V und arbeiten bei voller Belastung von 30000 kVA und bei cos $\varphi = 1$ mit einem Wirkungsgrad von 98,99 %. Die Wicklungen sind in Stern-Stern geschaltet. Die Blechkörper sind aus 0,3 mm dickem Transformatorenblech zusammengesetzt, und bilden drei in einer Ebene stehende Säulen, die oben und unten durch Joche gehalten werden. Die Kerne sind durch isolierte Schraubenbolzen starr verspannt. Die Wicklungen sind sogenannte doppelkonzentrische Röhrenwicklungen, ihre Isolation besteht aus Baumwolle und Papier. Die Hochvoltklemmen sind ölgefüllte Papierklemmen mit Porzellanüberwurf, auf der Niedervoltseite sind Porzellanisolatoren verwendet.

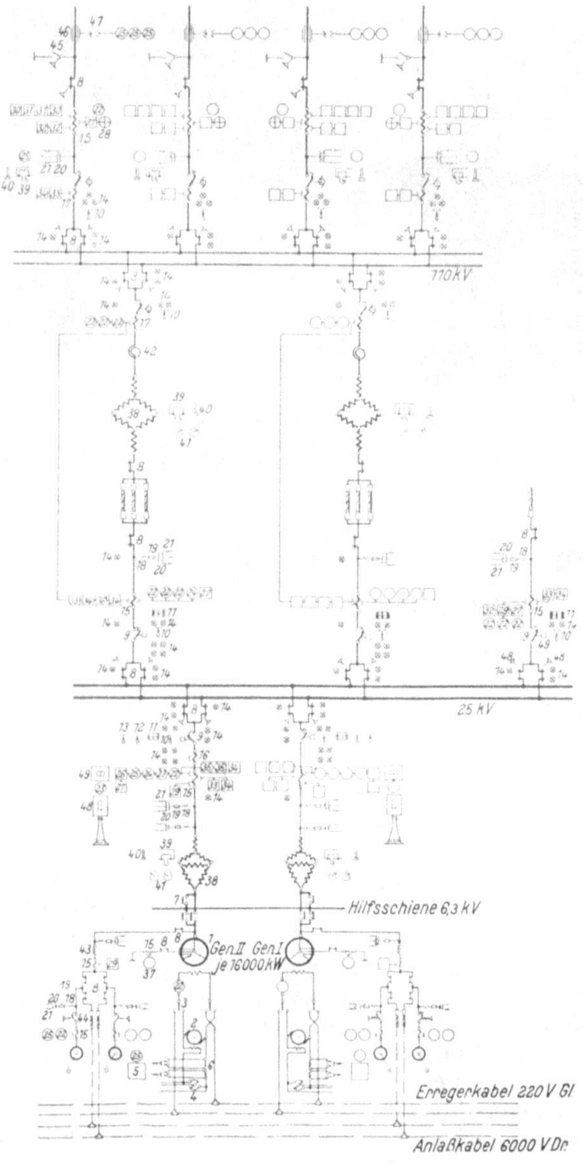

1 = Drehstrom-Generator
2 = Erreger = Maschine
3 = Umschalter für die Erregung
4 = Nebenschlußregler
5 = Schnellregler
6 = Entregung
7 = Trennlaschen
8 = Trennschalter
9 = Ölschalter m. Schutzwiderstand u. elektr. Antrieb
10 = Steuerschalter
11 = Stöpselumschalter (Synchronisierung)
12 = Steuerschalter für Drehzahlverstellung
13 = Steuerschalter für den Magnetregler
14 = Signallampen
15 = Stromwandler
16 = Stromwandler zum Schnellregler für d. cos φ Reglung
17 = Ringstromwandler
18 = Vorschaltwiderstand
19 = Hochspannungssicherungen
20 = Spannungswandler
21 = Niederspannungssicherungen
22 = Stromzeiger
23 = Leistungszeiger
24 = Phasenzeiger
25 = Spannungszeiger
26 = Registr. Frequenzzeiger
27 = Registr. Leistungszeiger
28 = Phasenzeiger für 4 Quadranten
29 = Zähler
30 = Wirkzähler
31 = Blindzähler
32 = Kontrollzähler
33 = Maximalrelais
34 = Zeitrelais
35 = Rückstromrelais
36 = Differentialrelais
37 = Nullstromrelais
38 = Transformator 30 000 kVA
39 = Temperatur-Kontakt
40 = Fernthermometer
41 = Ölstand- u. Ölumlaufanzeiger
42 = Schutzdrosselspulen
43 = Reaktanzspulen
44 = Ölschalter
45 = Erdungsschalter
46 = Durchführungen mit Kondensatorklemmen
47 = Isolationswandler
48 = Kommandoapparate im Maschinenhaus
49 = Kommandoapparate auf Schaltpult

Bild 128. Teilschaltbild mit 100 kV-Anlage.

Bild 129. 100 kV-Transformator ohne Kessel.

Die Kühlung des Öls geschieht durch eine außenliegende Kühlanlage. Das Öl wird durch eine Zentrifugalpumpe aus dem oberen Teil des Kessels abgesaugt, durch ein System von wasserbespülten Kühlschlangen gedrückt und in den unteren Teil des Transformators wieder eingeführt. Als Kühlwasser dient frisches Rohwasser, das nach Gebrauch in die Kanalisation abfließt (Bild 114). Der Kessel des Transformators ist vollständig in einem Eisenkäfig eingeschlossen (Bild 130). Der Vergleich mit dem danebenstehenden Monteur gibt einen anschaulichen Begriff über die ungewöhnliche Größe des Apparats. Der Eisenbahntransport war wegen des großen Gewichtes recht schwierig. Es mußte ein eigener Spezialwagen gebaut werden. Dieser besteht aus zwei drehbaren Eisenschnäbeln, die auf je fünf Laufachsen ruhen, und zwischen die der Transformator als Brücke eingehängt wird. Die Räder des Transformators sind verstellbar und können auf zwei- oder dreigleisiger Spur fahren.

d) Die 100 kV-Sammelschienen. Zwischen Transformator und Sammelschienen ist eine Schutzdrosselspule eingeschaltet. Auch die 100 kV-Sammelschienen sind als Doppelsammelschienen verlegt (Bild 131). Bemerkenswert ist, daß als Stromschienen hohle Kupferrohre verwendet wurden. Man erkennt daran, daß bei dieser Spannung elektro-

Bild 130. 100 kV-Transformator mit Kessel.

dynamische und elektrostatische Wirkungen schon nebeneinander bestehen. Die Spannung beeinflußt den Umfang, die Stromstärke den Querschnitt der Leitung. Bei gegebener Stromstärke ist von einer bestimmten Spannung an die Oberfläche des massiven runden Leiters nicht mehr groß genug; dann muß zur Vermeidung überflüssigen Materialverbrauchs der Leiter als Hohlkörper ausgebildet werden. Die Spannungsgrenze e_0, bei der Umfang und massiver Querschnitt gerade noch im Einklang sind, ist bei gegebener Leistung $L = e \cdot i$ bestimmt durch die Gleichung

$$e_0{}^3 = c \cdot L,$$

worin c eine Konstante bedeutet.

Die beiden Sammelschienensysteme können durch einen Kupplungsschalter parallel geschaltet werden.

e) Die Abzweige. Die von den 100 kV-Sammelschienen ausgehenden Abzweige bilden folgende Gruppen:

1. in Zuflußrichtung:
   Anschlüsse der zwei Transformatoren,
2. in Abflußrichtung:
   4 Freileitungen,
   1 Kupplungsschalter.

Bild 131. Die 100 kV-Sammelschienen.

Sämtliche Abzweige werden durch Ölschalter ein- und ausgeschaltet und durch Doppeltrennschalter an das eine oder andere Sammelschienensystem angeschlossen. Der Verlauf der Transformatorenanschlüsse ist in Bild 132, der Verlauf der Freileitungsabzweige in Bild 133 dargestellt.

f) Die Ölschalter. Die Ölschalter sind Dreikesselölschalter; sie werden von der Schaltbühne des 25 kV-Hauses durch Fernantrieb gesteuert und können außerdem vom Bedienungsgang aus durch Handräder betätigt werden.

g) Die Ausführungen. Durch die im ersten Obergeschoß über den Ölschaltern angebrachten Ausführungen gehen die vier 100 kV-Leitungen zugfrei auf die Freileitungen über. Jede der vier Freileitungen kann die volle Leistung eines Transformators übertragen.

6. Die elektrischen Schutzeinrichtungen.

a) Der Überstromschutz. Wie aus dem Schaltbild hervorgeht, können die Generatoren auf den 25 kV-Sammelschienen parallel arbeiten. Bei der Bemessung der elektrischen Schutzeinrichtungen wurde aber angenommen, daß auch bei Vollausbau des Kraftwerks nie mehr als sechs Generatoren parallel geschaltet werden. Auf Grund dieser Annahme ergaben sich für die verschiedenen Teile der Schaltanlage die Dauerkurzschlußströme, die im Kurzschlußplan (Bild 134) eingetragen sind. Die erste Zahl bedeutet die normale Betriebsstromstärke des betreffenden Abzweiges, die darunter eingeklammerte Zahl den Kurzschlußstrom.

Gegen die Gefahren dieser ungewöhnlich hohen Kurzschlußströme ist das Kraftwerk dadurch auf das wirksamste geschützt, daß der größte

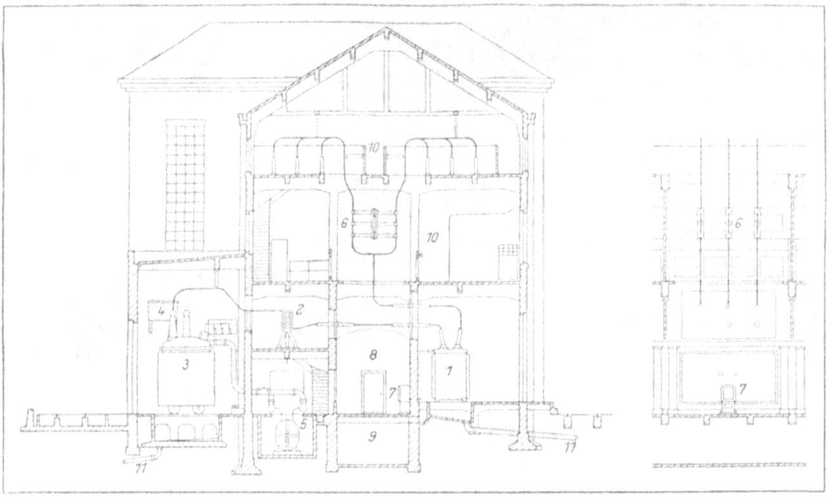

Bild 132. Schnitt durch das 100 kV-Haus mit Transformatorenanschlüssen.

1 = Ölschalter
2 = Schutzdrosselspule
3 = Transformator 30000 kVA
4 = Ausdehnungsgefäß
5 = Kühlschlange
6 = Trennschalter
7 = Schaltmotor
8 = Bedienungsgang
9 = Kabelkanal
10 = Kontrollgänge
11 = Ölabflußleitung

Teil der verwendeten Apparate den thermischen und mechanischen Beanspruchungen eines ungedämpften Kurzschlußstromes ohne weiteres gewachsen ist. In denjenigen Abschnitten der Schaltanlage, bei denen dies nicht unbedingt zutrifft, wird der Kurzschlußstrom durch vorgeschaltete Schutzdrosselspulen auf ein zulässiges Maß begrenzt.

Die Generatoren sind unbedingt kurzschlußsicher; ihre Spulenköpfe sind so sorgfältig abgesteift, daß sie auch bei den stärksten Kurzschlüssen standhalten. Auch bei dem Aufbau der Transformatoren wurde besonders auf gute Versteifung geachtet. Das gleiche gilt von allen Sammelschienensystemen.

Die stärksten Anforderungen werden bei einem Kurzschluß an die Ölschalter gestellt; sie haben nicht allein gewaltige Energiemengen zu unterbrechen, infolge der unvermeidlichen Stromschleife werden auch die dynamischen Wirkungen des plötzlichen Kurzschlußstromes ungewöhnlich groß. Bei einem ungedämpften Kurzschluß auf der 25 kV-Seite z. B. muß der betroffene Ölschalter etwa 250000 kVA schalten. Bei der Unterbrechung derartig großer Energiemengen entstehen im Schalterkessel augenblicklich Ölgase, deren Druck bis auf 14 at steigen kann. Diese Leistung ist mit normalen Schaltermodellen nicht mehr zu bewäl-

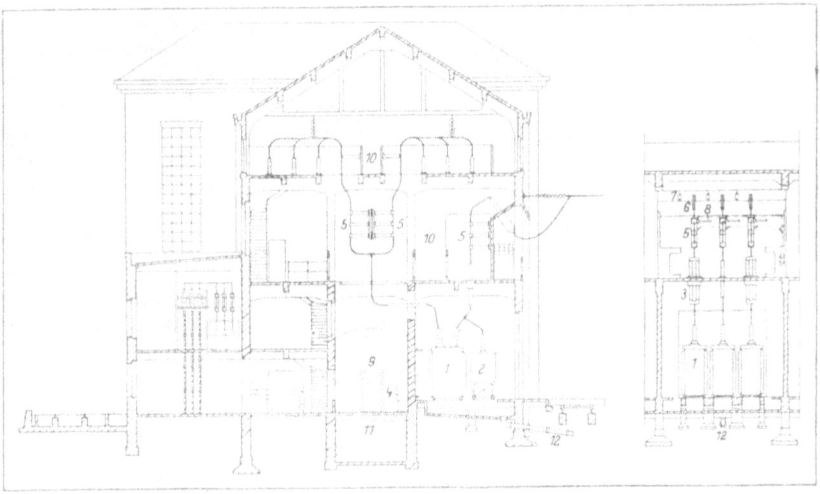

Bild 133. Schnitt durch das 100 kV-Haus mit Freileitungsabzweigen.

1 = Ölschalter
2 = Spannungswandler
3 = Stromwandler
4 = Schaltmotor
5 = Trennschalter
6 = Durchführung
7 = Isolationswandler
8 = Erdungsschalter
9 = Bedienungsgang
10 = Kontrollgang
11 = Kabelkanal
12 = Ölabflußleitung

tigen; daher wurden in der 25 kV-Schaltanlage nur druckfeste Schalter der Serie V verwendet.

Nur die vier Abzweige der Eigenbedarfsanlage und die Anschlüsse der Kondensationsmotoren an die 6300 V-Schienen sind durch Reaktanz-Drosselspulen (Bild 135) geschützt. Daher konnte man in der Eigenbedarfsanlage mit normalen Schaltern und kleineren Kabelquerschnitten auskommen.

Im übrigen ist überall die übliche Überstromauslösung vorgesehen, welche die von Kurzschluß oder Überlastung betroffenen Teile durch selbsttätiges Abschalten vor den Wärmewirkungen des Überstromes schützt. Gegenwärtig besteht der Überstromschutz und die Zeitstaffelung in der Hauptsache aus einer Maximalstrom-Zeitauslösung. Die ganze Schaltanlage ist aber so eingerichtet, daß bei Bedarf der Grundsatz der

Fehlerstrom-Schutzschaltung der abgehenden Kabel jederzeit auch auf die anderen stromführenden Teile des Werkes, die Generatoren und Transformatoren, ausgedehnt werden kann. Jede der fünf aus Generator und Transformator gebildeten Gruppen ist in der üblichen Weise durch gemeinsame Maximal-Zeitrelais und einpolige Rückstromrelais gegen Überstrom- und Fehlerstrom geschützt. Auf dem Schaltpult jedes Generators ist eine Anzeigevorrichtung angebracht, an der man beim Ansprechen einer Schutzvorrichtung ablesen kann, ob der Generator durch Überstrom-, Rückstrom- oder Nullpunkts - Sicherung abgeschaltet (bzw. entregt) wurde.

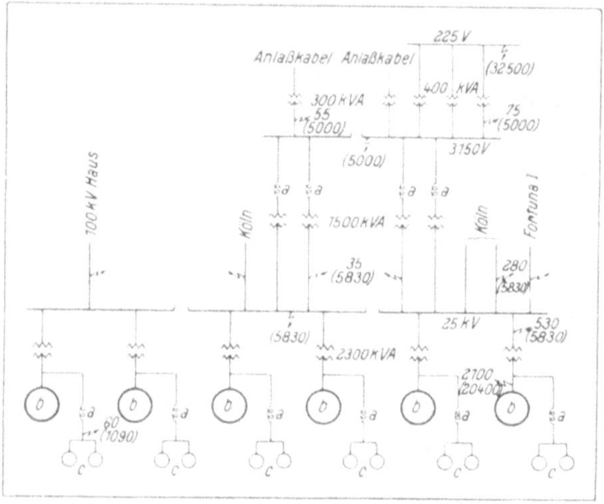

Bild 134. Kurzschlußplan mit Angabe der Stromstärken.

a = Reaktanzspulen
b = Generator 23 kVA, 6300 V
c = Kondensationsmotoren

Zum Schutz der 100 kV - Transformatoren ist sowohl an die Stromwandler in ihren Abzweigen vom 25 kV-System als auch an die Durchführungen der zugehörigen 100 kV - Ölschalter ein Differentialschutz angeschlossen, der den Transformator bei Fehlerstrom und Überstrom primär und sekundär abschaltet. Das 100 kV-System ist außerdem durch Maximalrelais geschützt.

b) Der Überspannungsschutz. Zum Schutze der Generatoren gegen unzulässige Spannungserhöhungen, wie sie beim Überschlag von der Hochvoltseite auf die Niedervoltseite der Transformatoren auftreten können, sind die drei Sternpunktenden der Wicklung herausgeführt und an Einleiter-Stromwandler angeschlossen. Fließt durch diese Apparate ein unzulässiger Strom, so wird der Generator durch entsprechend eingestellte Maximalrelais entregt und bei längerem Anhalten der Störung abgeschaltet. Alle Transformatoren erhielten an den Eingangswindungen eine sprungwellensichere Isolation; die kleineren Transformatoren sind außerdem an der Oberspannungsseite durch Drosselspulen geschützt.

Die Abschnitte der 25 kV-Sammelschienen haben Sterndreieck-Hörnerableiter mit vorgeschaltetem Ölwiderstand. Sämtliche Trennschalter sind dreipolig. Die Spannungswandler sind fest geerdet. Sämtliche Ölschalter der 25 kV-Anlage wurden mit Schutzwiderständen ausgerüstet.

Die Eigenbedarfsanlage ist an den 3 kV-Schienen durch Sterndreieck-Hörnerableiter mit Vorschaltwiderstand geschützt.

Im 100 kV-System durfte man von der Anlage eines besonderen Überspannungsschutzes absehen, da die auftretenden Überspannungen erfahrungsgemäß unter dem Isolationswert der Apparate liegen.

7. Die Ölwirtschaft.

a) Die Aufbereitung des Öls. Die Ölfüllung der Transformatoren und Ölschalter muß von Zeit zu Zeit von angesammeltem Schmutz und absorbiertem Wasser gereinigt werden. Das gleiche gilt für frisches, durch den Handel bezogenes Öl.

Bild 135. Reaktanzspulen vor den Kondensationsmotoren

Besonders das in den Ölschaltern stagnierende Öl erfordert sorgfältige Pflege. Die bei den Schaltvorgängen durch örtliche Überhitzung entstehenden Ölflocken durchsetzen nach und nach das ganze Öl. Dazu kommt die aus der Atmosphäre aufgesogene Flüssigkeit, die durch die Gasablaßrohre auch in die dichtesten Ölschalterkessel eindringen kann. Die Verunreinigung durch Wasser macht das Öl mit der Zeit leitfähig und kann daher die Schaltsicherheit ernstlich gefährden.

Die Anlagen für die Reinigung des Transformatoren- und Schalteröls sind in einem besonderen Raum, der Ölkocherei, untergebracht. Die Ölkocherei liegt am Südende des 100 kV-Hauses neben der Transformatorenwerkstatt. Die Einrichtungen dieser Anlage sind folgende:

1 Ölkochkessel für 20 t Öl mit elektrischer Widerstandsheizung (Energieverbrauch 75 kW),

1 Ölkochkessel für 12 t Öl mit elektrischer Heizung (Energieverbrauch 36 kW).

1 Ölfilterpresse mit elektrisch angetriebener Ölpumpe,

2 Saug- und Druckpumpen für Rein- und Schmutzöl,

2 Ölbehälter von je 7500 l für kaltes und warmes Reinöl,

1 Abfüllwanne von 800 l Inhalt.

Die Trocknung. Das im Öl enthaltene Wasser entfernt man dadurch, daß man das Öl auf die Siedetemperatur des Wassers erhitzt. Die Ölfüllungen der Ölschalter und kleineren Apparate werden zur Trocknung und Reinigung aus den Schalterkesseln abgezogen und in einem der beiden Kochkessel ausgekocht. Bei den Transformatoren verbindet man mit der Trocknung der Ölfüllung das Auskochen und Entwässern des ganzen inneren Apparates. Der Transformator wird an den Ölkochkessel herangefahren und mit diesem durch zwei Rohrleitungen zu einem kommu-

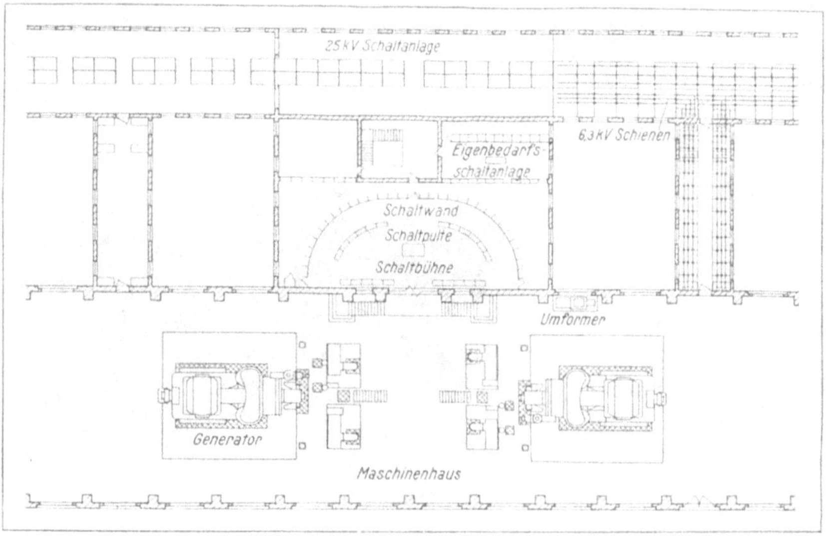

Bild 136. Anordnung der Schaltbühne.

nizierenden System vereinigt. Durch eine der Pumpen wird das Öl in Umlauf gehalten. Zur Beschleunigung der Verdampfung setzt man die Apparatur unter ein mäßiges Vakuum. Die Trocknung der wasserführenden Teile des Transformators beruht auf einem Austauschprozeß. Das eingeschlossene Wasser wird durch das warme Öl verdrängt und tritt als Wasserdampf ins Freie. Die austretenden Dämpfe werden in einer Kühlvorlage niedergeschlagen und in einem Meßgefäß gesammelt. Der Heizstrom wird durch einen Stufenschalter geregelt. Wenn bei einem Versagen der Pumpe der Ölumlauf aufhört, so wird der Strom selbsttätig abgeschaltet. Zum Auskochen eines großen 100 kV-Transformators werden die beiden Ölkochkessel gleichzeitig gebraucht. Bei einem 25 kV-Transformator genügt der kleinere Kessel. Die Erwärmung des Öls auf 120° C nimmt bei einem 100 kV-Transformator etwa 25 Stunden in Anspruch. Das Fertigkochen auf gleicher Temperatur dauert etwa sechs bis achtmal so lange wie das Anheizen und erfordert nur ein Drittel der angegebenen Energie.

Die Reinigung durch Filter. Die in der Ölkocherei aufgestellte stationäre Ölfilterpresse dient zur erstmaligen Reinigung des frisch eingetroffenen Öls und zur periodischen Reinigung der großen Dreikesselschalter für 100 kV. Eine Pumpe preßt das Öl durch mehrere Lagen von trockenem Filterfließpapier, es läßt dabei seine mechanischen Beimengungen, Ölflocken, Bodensatz und Metallschlamm, zurück. Die Filtereinsätze können in einem elektrisch geheizten Trockenschrank getrocknet werden und sind dann wieder zu gebrauchen. Die periodische Reinigung der 25 kV-Ölschalter geschieht durch eine fahrbare Filterpresse. Die Schalterkessel werden durch biegsame Schläuche an die Filterpumpen angeschlossen und brauchen weder ausgefahren noch auseinandergenommen zu werden.

b) Die Kontrolle des Öls im Betriebe. Fernthermometer. Bei der leichten Entzündbarkeit des warmen Öls muß mit peinlicher Sorgfalt beständig darüber gewacht werden, daß sich die großen Ölmengen in den Transformatoren und anderen Apparaten nicht über eine gewisse Höchsttemperatur hinaus erhitzen. Um die Überwachung der Öltemperatur zu erleichtern, hat man die am meisten gefährdeten Ölkessel mit Fernthermometern ausgerüstet, die auf besonderen Schaltpulten der Schaltbühne abgelesen werden. Die Temperaturmessung beruht auf der Veränderung des elektrischen Widerstandes einer Drahtspirale, die in ein Quarzglas eingeschlossen ist und in den Ölbehälter eintaucht. Der Anzeigeapparat ist ein auf Celsiusgrade geeichter Spannungsmesser. Mit dieser Temperaturkontrolle wurden vorläufig folgende Apparate ausgerüstet:

die 5 Haupttransformatoren 28 000 kVA,
die 4 Eigenbedarfstransformatoren 1500 kVA,
die Ölwiderstände im Überspannungsschutz der 25 kV-Sammelschienen,
die beiden 100 kV-Transformatoren 30 000 kVA,
die 4 Spannungswandler der 100 kV-Freileitungen.

Gefahrmelder. Unabhängig von diesen Fernthermometern zeigt eine Gefahrmeldeanlage durch ein Alarmsignal und eine Kennlampe den Eintritt einer gefahrdrohenden Erwärmung an. Die Auslösung des Gefahrsignals beruht auf der Durchbiegung zweier aufeinander gewalzten Metallstreifen mit verschiedenem Wärmeausdehnungskoeffizienten, die bei einer einstellbaren Temperaturgrenze einen Kontakt auslösen. Die Anzeigeapparate der Gefahrmeldeeinrichtung sind mit denen der Fernthermometer auf demselben Schaltpulte vereinigt.

Überwachung des Ölstandes und Ölumlaufs. In den Ölumlaufleitungen der Haupttransformatoren sind Kontrolleinrichtungen für den Ölstand und Ölumlauf angebracht. Beim Überschreiten eines höchsten

Bild 137. [Schaltbühne.

Ölstandes, beim Unterschreiten des zulässigen Mindestölstandes und beim Versagen der Umlaufpumpen spricht in der Schaltbühne das Alarmsignal an; eine Kennlampe auf dem zugehörigen Schaltpult gibt an, an welchem Transformator der Schaden eingetreten ist.

c) Die Sammelgruben. Unter den Transformatoren und Ölschaltern der beiden Schalthäuser sind saubere, betonierte Gruben angelegt. In diese Gruben kann das Öl im Falle der Gefahr abgelassen und dadurch vor Verbrennung und Explosion geschützt werden. Die Antriebe der Ablaßventile an den Transformatorkesseln liegen außerhalb der Transformatorenkammer; sie können also auch dann noch betätigt werden, wenn die Kammer selbst schon unzugänglich ist. Die verschiedenen Ölabläufe des 25 kV-Schalthauses münden in zwei Sammelgruben, getrennt nach Transformatoren- und Schalteröl. Die Ölgruben dienen außerdem beim Lecken eines Apparates als Auffangbehälter.

8. Schaltbühne und Meßgeräte.

a) Allgemeines. Bei dem großen Umfang der Schaltanlage war es erforderlich, die Bedienung und Überwachung des ganzen Betriebes in einem bevorzugten Raum zu zentralisieren. Dieser Kommandoraum, die sogenannte Schaltbühne, liegt als Brücke zwischen Maschinenhaus und

Bild 138. Schaltpulte in der Schaltbühne.

Schalthaus (Bild 136). Gegen das Maschinenhaus ist sie durch eine breite Fensterwand mit Pendeltür abgesperrt. Das Maschinengeräusch dringt nur gedämpft ein, so daß die Aufmerksamkeit des Schaltwärters nicht beeinträchtigt wird. Der Flur der Schaltbühne liegt etwa 2,40 m höher als der des Maschinenraums und ist mit diesem durch eine kleine Freitreppe verbunden. Vom Absatz dieser Treppe aus kann der Schaltwärter den ganzen Maschinenraum überblicken.

Durch die Anlage eines zentralen Bedienungsraumes wurde es notwendig, die Ölschalter mit einem ferngesteuerten Antriebe auszurüsten. Die meisten Ölschalter sind aber wegen ihrer Schwere gar nicht von Hand zu bedienen und hätten daher auch bei dezentralisierter Anlage motorisch gesteuert werden müssen.

Die Schaltbühne ist ein großer, durch reichliches Oberlicht erhellter Raum (Bild 137), dessen hintere Wand halbkreisförmig als Hauptschalttafel ausgebildet ist. Die Tafel besteht aus 30 Feldern, die gegenwärtig, dem Ausbau mit fünf Generatoren entsprechend, etwa zur Hälfte ausgebaut sind. In dem mittleren Feld, gegenüber der Pendeltür, ist eine zum Schalthaus führende Tür eingelassen.

b) Die Schaltpulte der Generatoren und Kupplungsschalter. Rechts und links, der Rundung der Schaltwand folgend, stehen die Schaltpulte der Generatoren (Bild 138). Auf diesen Pulten sind die

Meß- und Steuereinrichtungen jedes Generators zusammengefaßt (Bild 139). Die Meßgeräte sind folgende:

1 Strommesser
1 Spannungsmesser
1 Leistungsmesser
1 cos φ-Messer
} angeschlossen an die Oberspannungsseite des zugehörigen Transformators.

1 Strommesser für den Erregerstrom.

Auf den Generatorschaltpulten sind ferner die Gebe- und Empfangsapparate angebracht, die der Kommandosäule jedes Generators im Maschinenhause entsprechen. Beim Geben eines der Signale (Seite 117) leuchtet auf dem Schaltpulte gleichzeitig eine Kontrollampe auf. Die Lampe verlöscht erst, nachdem der Maschinenwärter durch Drücken auf die Quittungstaste die Aufnahme des Befehls bestätigt hat. Schließlich enthält das Schaltpult die Anzeigeapparate, die beim Ausfallen eines Generators darüber Aufschluß geben, durch welche Schutzeinrichtung die Erregung abgeschaltet wurde. In der Reihe der fünf Generatorschaltpulte stehen ferner zwei Schaltpulte zum Betätigen der Kupplungsschalter zwischen den beiden 25 kV-Sammelschienensystemen. Die Meßgeräte dieser Kupplungsfelder sind:

Bild 139. Generator-Schaltpult.

1 Wattmeter mit beiderseitigem Ausschlag,
1 Spannungsmesser,
1 Doppelfrequenzmesser,
1 Spannungsmesser für beiderseitigen Ausschlag,
1 Nullvoltmeter mit parallel geschalteter Glühlampe.

Die drei letztgenannten Geräte dienen zur Synchronisierung.

c) Die Felder der Schaltwand. An der Schaltwand sind auf fünf Feldern die Schnellregler für die Spannungsreglung der Generatoren angebracht; auf den Reglerfeldern liegen auch die Voltmeter für die Spannungsmessung des Erregerstroms. Je ein weiteres Feld wurde eingerichtet für die vier Hauptkabel nach Köln, für die vier Verbindungskabel zum Kraftwerk I und für die vier Anschlüsse der Eigenbedarfsanlage (Bild 140). Auf jedem dieser 12 Kabelzweigfelder liegt ein registrierender Leistungsmesser sowie ein Strom- und Spannungsmesser.

Bild 140. Teil der Schaltwand in der Schaltbühne.

Auch die 100 kV-Anlage wird in der Schaltbühne überwacht. Für die Anschlußkabel der 100 kV-Transformatoren sind zwei Abzweigfelder mit Strom-, Spannungs- und cos φ-Messern eingerichtet. Auf ähnlichen Feldern wird der Strom, die Spannung, die Leistung und der cos φ der vier abgehenden Freileitungen gemessen. Die Leistungsmesser registrieren abgegebene und bezogene Energie. Die cos φ-Messer der 100 kV-Leitungen sind einerseits für Strombezug und Stromlieferung, andererseits für voreilenden und nacheilenden Blindstrom eingerichtet. Die vier entsprechenden Meßskalen bilden die Quadranten eines Kreises.

An der Schaltwand und an den Schaltpulten wurden fast ausschließlich rechteckige Flachprofilgeräte eingebaut. Erfahrungsgemäß wirken Zeigergeräte in dieser Form viel ruhiger und weniger verwirrend als runde.

Besondere Sorgfalt wurde auf die Verlegung der Meß- und Steuerleitungen verwendet. Diese Leitungen sind als mehradrige Kabel mit verschiedenfarbigen Adern verlegt. Die übliche Juteumspinnung fehlt, damit im Falle eines Brandes keine Qualmbildung eintreten kann. Im übrigen wurde dafür gesorgt, daß die Steuerkabel außerhalb des Lichtbogenbereichs der Hochspannungsapparate liegen. An den Anschluß- und Verzweigungsstellen sind saubere Klemmleisten mit übersichtlicher Bezeichnung der Stromkreise angeordnet. Die Führung und Verteilung der zahllosen Meß- und Steuerkabel geschieht in einem hellen, begehbaren Kabelboden unterhalb der Schaltbühne.

d) Die Schaltpulte für den Eigenbedarf und die Kontrollanlagen. An der dem Maschinenhaus zugekehrten geraden Wand der Schaltbühne stehen die Schaltpulte der Eigenbedarfsanlage mit den Steuerschaltern der 3 kV-Ölschalter und die Schaltpulte mit den Anzeigeapparaten der Temperaturkontrolle und Gefahrmeldung.

Die Temperaturkontrolle erstreckt sich auf die Generatoren, auf die Transformatoren und Ölwiderstände. Bei den Generatoren wird die Temperatur der Kühlluft beim Ein- und Austritt durch Quarzglas-Fernthermometer gemessen, so daß auf einem Anzeigeapparat der Unterschied der Temperaturen abgelesen werden kann. Bei den durch umlaufendes Öl gekühlten Transformatoren genügt es, die Öltemperatur selbst zu überwachen. Die Gefahrmeldeanlage spricht an bei unzulässiger Erhitzung der Generatoren oder des Transformatorenöls, beim Aussetzen des Ölumlaufs oder beim Sinken des Ölstandes in den Transformatorenkesseln.

Bild 141. Zellen auf der Rückseite der Schaltwand.

e) Die Zähler. Die Energieerzeugung und Energieabgabe des Werkes wird im Gesamten an den Abzweigen der 25 kV-Sammelschienen, im Einzelnen an den Abzweigen der 100 kV und 3 kV-Sammelschienen gemessen. Es wird durch Zähler registriert:

A. in der 25 kV-Anlage:

1. der Energiezufluß
   a) die Leistung der fünf Generatoren (Abzweige 1),
   b) gegebenenfalls der Energiebezug vom Kraftwerk I (Abzweige 2b),
   c) gegebenenfalls der Energiebezug aus dem 100 kV-Netz (gemessen durch Zähler C2);
2. der Energieabfluß
   a) die Energieabgabe an die Kabel nach Köln (Abzweige 2a),

b) gegebenenfalls die Energieabgabe an das Kraftwerk I (Abzweige 2b),
c) die Energieabgabe an das 100 kV-Netz (gemessen durch die Zähler C1),
d) der Eigenverbrauch (Abzweige 2d);

B. in der Eigenbedarfsanlage:
1. der Energiezufluß ist durch die Zähler A2d bestimmt,
2. der Energieabfluß
a) die Energieabgabe an die Erregerumformer (Abzweige 2a, Umformung II—III D),
b) die Energieabgabe an die Anlaßkabel (Reserveanschluß der Kondensationsmotoren, Abzweige 2b, Transformatoren II—III B),
c) die Energieabgabe an die Niederspannungsanlage des Schalthauses (Abzweige 2c, Transformatoren II—III C)
d) die Energieabgabe an die Eigenbedarfsanlage des Brecherhauses (Abzweige 2d),
e) die Energieabgabe an die Eigenbedarfsanlage des Speisewasserhauses (Abzweige 2e);

C. in der 100 kV-Anlage:
1. der Energiezufluß aus dem 100 kV-Netz,
2. der Energieabfluß: die Energieabgabe an die vier Freileitungen.

Sämtliche Zähler liegen in den Bedienungsgängen des 25 kV-Schalthauses und im Mittelgang des 100 kV-Schalthauses auf der Schaltwand des betreffenden Ölschalters.

In den Verbindungskabeln zum Kraftwerk I und in den 100 kV-Freileitungen liegen Zähler für abgegebene und bezogene Energie (A 2b und A 1b, C 2 und C 1).

Die Energieabgabe an die Abnehmer (25 kV-Kabel nach Köln, 100 kV-Freileitungen) und der Energiebezug aus dem fremden 100 kV-Netz wird zur größeren Sicherheit noch durch einen zweiten Zähler überwacht; die Mittelwerte aus den Ablesungen der Haupt- und Kontrollzähler bilden die Grundlage der kaufmännischen Abrechnung mit den Verbrauchern und Lieferern. An den vier Freileitungen für 100 kV liegen außerdem je zwei Doppelblindleistungszähler, von denen der eine entweder voreilenden Strom bei Lieferung oder nacheilenden Strom bei Bezug, der andere entweder nacheilenden Strom bei Lieferung oder voreilenden Strom bei Bezug registriert.

Der Einzelverbrauch der verschiedenen Betriebe im Niederspannungs- und Gleichstromnetz wird — soweit erforderlich — an Ort und Stelle durch untergeordnete Zähler gemessen.

Schlußwort.

Das Kraftwerk Fortuna II charakterisiert die Energiewirtschaft der Gegenwart nur zur Hälfte; zur Abrundung des Bildes müssen wir dem Braunkohlenkraftwerk eines der großartigen süddeutschen Wasserkraftwerke gegenüberstellen. Prophetische Ausblicke in die Zukunft der Energiewirtschaft sind unsicher und von zweifelhaftem Wert; das eine aber ist sicher: solange überhaupt die Elektrizität die Trägerin der Energiewirtschaft bleibt, gehört die Entwicklung den Wasserkraftanlagen. Schon heute kann man mit Gewißheit voraussagen, daß die Wasserkraftwerke berufen sind, die Energiewirtschaft der ganzen Welt wieder auf eine sichere Grundlage zu stellen. Die elektrische Energiewirtschaft, die sich zuerst nur als eine Fortsetzung und Vollendung der Kohlenwirtschaft zeigte, wird sich mit der Zeit ganz von der Kohle loslösen. Wir stehen heute an der Schwelle dieses Prozesses; schon tritt die Steinkohle als Energiemineral elektrischer Kraftwerke langsam in den Hintergrund; schon stehen Braunkohle und Wasser qualitativ einander gleichwertig gegenüber. Die Inbetriebnahme des Walchenseewerks, die Eröffnung der elektrifizierten Bahnstrecken in Bayern sind in ihrer symbolischen Tragweite Ereignisse von unerhört großer Bedeutung.

Die Überlegenheit der Wasserkraft gegenüber der Kohle liegt vor allem in ihrem Bestande: das Gefälle eines Wasserlaufs ist nach menschlicher Berechnung ewig und unzerstörbar. Daher wäre eine lediglich auf Wasserkräfte gegründete Energiewirtschaft in jedem Augenblick im Gleichgewicht. Die Geschichte der Wasserkräfte hat einen eigenartigen Verlauf genommen. Die Ausnutzung der Wasserkräfte ist, wie wir in der Einleitung schon erfuhren, eine der frühesten Formen der Energiewirtschaft. Im Kohlenzeitalter trat die Wasserkraft gänzlich in den Hintergrund. Erst durch die Hochspannungstechnik wurde sie wieder in die Energiewirtschaft großen Stils einbezogen. Es bietet heute grundsätzlich keine Schwierigkeiten mehr, die Energie einer großen Wasserkraft in Form von Elektrizität von einer Grenze des Reiches zur entgegengesetzten zu befördern und auf eine Vielheit kleiner, mittlerer und großer Verbraucher zu verteilen. Abgesehen von der Stabilität unseres Energiehaushaltes hat der Ausbau der Wasserkräfte eine weitere wichtige Bedeutung; er ermöglicht eine Schonung der Kohle, insbesondere der Steinkohle, für andere lebenswichtige Zwecke: Eisenverhüttung (Koks), chemische Industrie u. a.

Eine immer noch ungelöste Aufgabe der Energiewirtschaft ist die Frage der Energieübertragung über die Zeit. Das Raumproblem ist durch die Elektrizität in befriedigender Weise überwunden; die Reichweite der elektrischen Übertragung ist theoretisch unbegrenzt. Das Zeitproblem dagegen macht noch immer große Schwierigkeiten. Die Elektrizität ist ein sehr wenig speicherfähiges Gut. Erzeugung und Verbrauch verschmelzen zu einem Vorgang. Es ist praktisch noch nicht gelungen, die elektrische Energie aufzuspeichern. Die bekannten Bleiakkumulatoren kommen für die Energiewirtschaft im Großen schwerlich in Frage; erstens sind die Anlage- und Bedienungskosten einer Batterie größeren Umfangs sehr hoch, andererseits macht die zweimalige Umformung (Drehstrom—Gleichstrom und umgekehrt) das Verfahren unwirtschaftlich.

Die Vorzüge einer Energieerzeugung mit gleichzeitiger Energiespeicherung brauchen wohl nicht mehr genannt zu werden. Das wichtigste Ergebnis wäre vom praktischen Standpunkte die Integration der täglichen Belastungskurve. Ein mit Energiespeicherung ausgerüstetes Kraftwerk braucht in seiner Leistungsfähigkeit nur der täglichen (oder jährlichen) Durchschnittsbelastung zu entsprechen, während man heute — lediglich wegen einiger Belastungsspitzen — die installierte Leistung oft auf ein Vielfaches der Durchschnittsbelastung bemessen muß.

Für die Aufspeicherung der Energie in Form von Elektrizität fehlt vorläufig jede physikalische Grundlage. Dagegen fehlt es nicht an Vorschlägen, die Energie in irgendeiner anderen handlichen Form zu speichern. Es sei hier nur an die Ruths-Dampfspeicher erinnert, mit deren Hilfe es mehr oder weniger gut gelingt, die Dampferzeugung einer Kesselanlage auch bei großen Belastungsschwankungen nahezu konstant zu halten. Eine andere Möglichkeit, Wärme zu speichern, bieten die vom Verfasser vorgeschlagenen Warm-Speisewasser-Behälter, die demnächst im Kraftwerk Fortuna erprobt werden sollen. Ein sehr elegantes Speicherverfahren, das in jüngster Zeit viel von sich reden macht, ist die hydraulische Akkumulierung. Nach diesem Verfahren werden mit Hilfe der nächtlichen Überschußenergie große Wassermengen auf ein höheres Niveau gefördert. Die hierdurch geschaffene potentielle Energie kann nach Bedarf und zu beliebiger Zeit wieder in Bewegungsenergie und Elektrizität zurückverwandelt werden.

Zusammenfassend darf man jedenfalls behaupten, daß die Aufgabe der Zeitübertragung in der elektrischen Energiewirtschaft noch der endgültigen Lösung harrt, und daß diese schwache Stelle unseres Energiehaushalts viel mehr Beachtung verdient, als ihr gewöhnlich geschenkt wird.

MIX
Papier | Fördert gute Waldnutzung
FSC® C083411

Kolibri 360 GmbH
Ferdinand-Jühlke-Straße 7
99095 Erfurt, Deutschland
produktsicherheit@kolibri360.de